Rheinisch-Westfälische Akademie der Wissenschaften

Natur-, Ingenieur- und Wirtschaftswissenschaften   Vorträge · N 398

Herausgegeben von der
Rheinisch-Westfälischen Akademie der Wissenschaften

ALFRED PÜHLER

Bakterien-Pflanzen-Interaktion:
Analyse des Signalaustausches zwischen den Symbiosepartnern bei der Ausbildung von Luzerneknöllchen

Springer Fachmedien Wiesbaden GmbH

376. Sitzung am 3. Juli 1991 in Düsseldorf

Die Deutsche Bibliothek – CIP-Einheitsaufnahme

Pühler, Alfred:
Bakterien-Pflanzen-Interaktion : Analyse des Signalaustausches zwischen den Symbiosepartnern bei der Ausbildung von Luzerneknöllchen ; [376. Sitzung am 3. Juli 1991 in Düsseldorf] / Alfred Pühler. – Opladen : Westd. Verl., 1993
(Vorträge / Rheinisch-Westfälische Akademie der Wissenschaften : Natur-, Ingenieur- und Wirtschaftswissenschaften ; N 398)
ISBN 978-3-531-08398-8
NE: Rheinisch-Westfälische Akademie der Wissenschaften <Düsseldorf>: Vorträge / Natur-, Ingenieur- und Wirtschaftswissenschaften

Der Westdeutsche Verlag ist ein Unternehmen der Verlagsgruppe Bertelsmann International.

© 1993 by Springer Fachmedien Wiesbaden
Ursprünglich erschienen bei Westdeutscher Verlag GmbH Opladen in 1993

ISSN 0066-5754
ISBN 978-3-531-08398-8   ISBN 978-3-663-14498-4 (eBook)
DOI 10.1007/978-3-663-14498-4

Inhalt

1. Symbiosen zwischen Bakterien und Pflanzen ermöglichen die effektive Umwandlung von Luftstickstoff zu Ammoniak 7
2. Die Morphogenese von Luzerneknöllchen, ein interessantes Beispiel für die Entwicklung von pflanzlichen Organen 9
3. Der Knöllchenbildung an Luzernewurzeln geht ein Austausch von pflanzlichen und bakteriellen Signalen voraus 12
4. Der Infektionsprozeß von Luzerneknöllchen ist von der Knöllchenbildung abgekoppelt 33
5. Nur Symbiosepartnern mit der richtigen Zelloberfläche wird die Infektion von Luzerneknöllchen erlaubt 37
6. Schlußbetrachtung und historischer Rückblick 41
Danksagung 42
Literatur 43

Diskussionsbeiträge
   Professor Dr. rer. nat. *Hermann Sahm;* Professor Dr. rer. nat. *Alfred Pühler;* Professor Dr. agr. *Fritz Führ;* Professor Dr. rer. nat. *Eckart Kneller;* Professor Dr. Dr. h. c. mult. *Karl Heinz Büchel;* Professor Dr. *Jozef Schell;* Professor Dr. med. *Benno Hess;* Professor Dr. rer. nat. *Wolfgang Große;* Professor Dr. phil. *Lothar Jaenicke;* Professor Dr.-Ing. *Erhard Hornbogen;* Professor Dr. rer. nat. *Walter Kleinow;* Professor Dr. rer. nat. *Dieter Hans Ehhalt* 45

1. Symbiosen zwischen Bakterien und Pflanzen ermöglichen die effektive Umwandlung von Luftstickstoff zu Ammoniak

Die heute in der Landwirtschaft erzielten hohen Erträge sind direkt von einer intensiven Stickstoffdüngung abhängig (Abb. 1). Der eingesetzte Stickstoffdünger wird dabei großindustriell über das Haber-Bosch-Verfahren gewonnen, indem unter erheblichem Energieaufwand molekularer Stickstoff und molekularer Wasserstoff zu Ammoniak umgesetzt werden. Diese industrielle Ammoniaksynthese erweist sich als ein kostspieliges Verfahren. Es ist deshalb nicht verwunderlich, daß nur reiche Industrienationen eine Hochleistungslandwirtschaft mit intensiver Stickstoffdüngung praktizieren können. Zur industriellen Ammoniaksynthese existiert jedoch ein alternativer, biologischer Prozeß. Es handelt sich um die biologische Stickstoff-Fixierung, zu der ausschließlich prokaryontische Mikroorganismen, also Bakterien, befähigt sind. Am Beispiel des Bakteriums *Klebsiella pneumoniae* wurde dieser Prozeß ausführlich analysiert [1]. Es

Abb. 1: Überblick über N_2-fixierende Mikroorganismen
    Dargestellt sind einige freilebend und symbiontisch N_2-fixierende Mikroorganismen, sowie die von ihnen erzielten Fixierungsraten (in kg Stickstoff pro ha und Jahr). Zum Vergleich ist angegeben, welche Mengen an Stickstoffdünger im Mittel im Weizenbau eingesetzt werden.

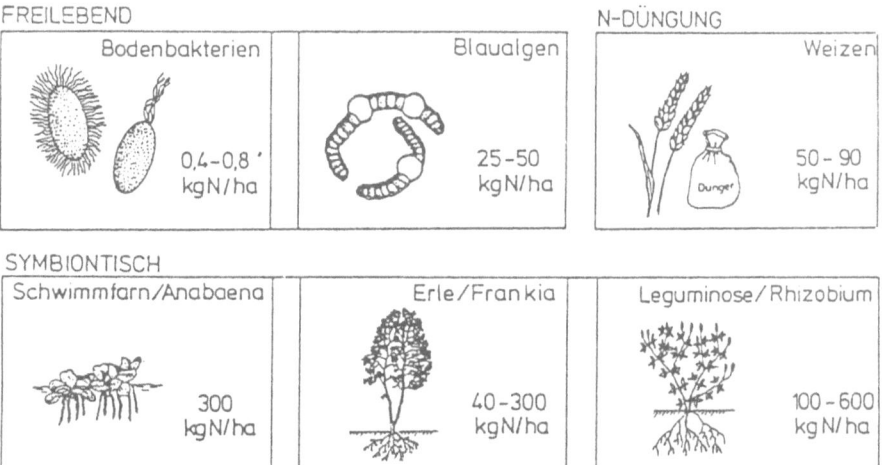

wurde gefunden, daß ein spezieller Biokatalysator, Nitrogenase genannt, ein Molekül Stickstoff bindet und nach Reduktion zwei Moleküle Ammoniak entläßt. Auch diese biologische Stickstoff-Fixierung ist energieaufwendig und benötigt Energie in Form von Adenosin-triphosphat [2]. Ein besonderes Merkmal der Nitrogenase ist ihre Sauerstoff-Empfindlichkeit. Bakterien können nur unter Ausschluß von Sauerstoff eine aktive Nitrogenase ausbilden. Die biologische Stickstoff-Fixierung findet deshalb nur unter mikroaeroben oder anaeroben Bedingungen statt [2]. Verglichen mit den hohen Mengen an eingesetztem Stickstoffdünger ist die Fixierungsrate von freilebenden Bakterien pro Hektar und Jahr als gering anzusehen (Abb. 1). Der Grund hierfür liegt wohl in der begrenzten Energiemenge, die freilebenden Bodenbakterien zur Verfügung steht. Die Ausbeute an fixiertem Stickstoff ist bei photosynthetischen Cyanobakterien aber bereits deutlich gesteigert. Hier kann photosynthetisch gewonnene Energie in das Nitrogenase-System eingefüttert werden [1]. Eine nochmalige drastische Steigerung in der Ausbeute an fixiertem Stickstoff zeigen symbiontische Systeme. Hier kooperieren jeweils ein pflanzlicher und ein bakterieller Partner mit dem Ziel, in Symbiose Stickstoff zu fixieren. Die Pflanze steuert die notwendige, über Photosynthese gewonnene Energie bei und ernährt den bakteriellen Partner, während das Bakterium den Stickstoff-Fixierungsprozeß durchführt und dem pflanzlichen Partner den fixierten Stickstoff in Form von Ammoniak zur Verfügung stellt [2]. In Abbildung 1 sind drei dieser Symbiosen aufgezeigt. Zunächst wird die Azolla-Symbiose präsentiert. In Blattporen des Wasserfarns leben Cyanobakterien der Gattung *Anabena azollae* und finden hier die ideale Umgebung für eine effektive Stickstoff-Fixierung. Der Wasserfarn hat als Düngepflanze durchaus landwirtschaftliche Bedeutung. Er wird in Südostasien in Reisfeldern eingesetzt. Solange die Reispflanze noch klein ist, kann der Wasserfarn gedeihen und später als Gründüngung zum Wuchs der Reispflanze und damit zur Reisproduktion beitragen. In der Forstwirtschaft ist die Symbiose zwischen der Erle und dem Aktinomyceten *Frankia* bekannt. Das Bodenbakterium *Frankia* induziert im Wurzelsystem von Erlen Wurzelknöllchen, die von dem Mikrosymbionten besiedelt werden. In diesen Wurzelknöllchen lebt der Mikrosymbiont und fixiert Luftstickstoff. Obwohl diese Symbiose forstwirtschaftlich eine große Rolle spielt, ist sie lange nicht so gut untersucht wie die *Rhizobium*-Leguminosen-Symbiose. Der Grund liegt in der schlechten Kultivierbarkeit von *Frankia* [2]. Im Gegensatz dazu lassen sich Rhizobien leicht kultivieren und deshalb auch gut analysieren. Ähnlich wie *Frankia* bei der Erle induziert das Bodenbakterium *Rhizobium* Wurzelknöllchen an Leguminosen. In diesen Wurzelknöllchen leben die zu Bakteroiden umgewandelten Rhizobien. Die Pflanze ernährt diese Bakteroide und erhält als Gegenleistung fixierten Stickstoff in Form von Ammoniak. Von Interesse ist noch, daß der Bakteroidzustand einen Differenzierungsschritt darstellt, der nicht mehr rückgängig gemacht werden kann. Bakteroide sind nicht mehr teilungsfähig und werden nach Beendigung der N_2-Fixierung von der Pflanze abgebaut. Zu erwähnen bleibt, daß in der *Rhizobium*-Leguminosen-Symbiose stets zwei aufeinander abgestimmte Partner zusammenwirken. So kann Luzerne nur mit *Rhizobium meliloti* und Erbse nur mit *Rhizobium leguminosarum* Knöllchen bilden. Diese Liste könte noch für viele andere Leguminosen wie Klee, Bohne oder Sojabohne fortgesetzt werden. In den Bielefelder Labors wurde als Untersuchungssystem die Symbiose zwischen *Rhizobium meliloti* und Luzerne ausgewählt [3]. Ein Grund hierfür lag zunächst in der landwirtschaftlichen Nutzung. Die Futterpflanze Luzerne wird in unseren Breiten bevorzugt angebaut. Aber auch das schnelle Wachstum von *Rhizobium meliloti* war von ausschlaggebender Bedeutung. *Rhizobium meliloti* weist wie *Rhizobium leguminosarum* eine Generationszeit von ca. zwei Stunden auf und gehört damit zu den schnellwachsenden Rhizobien. Im Gegensatz dazu existieren auch langsamwachsende Rhizobien, wie *Bradyrhizobium japonicum*, die mit der Sojabohne Knöllchen bilden und eine Generationszeit von bis zu sechs Stunden besitzen.

Vergleicht man nochmals die Leistungsfähigkeit der symbiontischen Systeme, so läßt sich feststellen, daß speziell das *Rhizobium*-Leguminosen-System mit einer Fixierungsrate von 300 bis 600 kg fixiertem Stickstoff pro Hektar und Jahr weit über den Düngeraten liegt, die heute beim Weizenanbau angewendet werden. Die Alternative der symbiontischen N_2-Fixierung ist für die Landwirtschaft also ein interessanter Aspekt. Leider ist die symbiontische Stickstoff-Fixierung aber auf einige wenige Pflanzenarten beschränkt. Speziell bei landwirtschaftlich genutzten Pflanzen wie Getreide, Mais und Reis bleibt heute nur die Stickstoff-Düngung. Die ursprüngliche Vorstellung, mittels molekularbiologischer Techniken diesen landwirtschaftlich genutzten Pflanzen entweder funktionsfähige Stickstoff-Fixierungsgene zu vermitteln oder sie zur Symbiose mit Rhizobien anzuregen, ist in der Zwischenzeit einer realistischen Betrachtungsweise gewichen. Man geht konform, daß solche spektakulären Erfolge in nächster Zeit nicht zu erzielen sind.

2. Die Morphogenese von Luzerneknöllchen, ein interessantes Beispiel für die Entwicklung von pflanzlichen Organen

Wie bereits dargestellt, wurde in den Bielefelder Labors als Untersuchungsmodell die Knöllchensymbiose zwischen dem Bodenbakterium *Rhizobium meliloti* und der Pflanze *Medicago sativa* (Luzerne) ausgewählt. Diese Symbiose kann im Labor mit einfachen Mitteln experimentell nachgewiesen werden. Dazu wurde ein sogenannter Knöllchenbildungstest entwickelt, der sich komplett in einer Petrischale durchführen läßt (Tafel I). In die Petrischale wird ein mittels Agar verfestigtes, spezielles Pflanzennährmedium gefüllt. Das Nährmedium enthält praktisch nur anorganische Salze, da weder eine Energie- noch eine Kohlenstoffquelle notwendig ist. Die Pflanze nutzt ja die Lichtenergie und fixiert Kohlendioxid. Ein Spezifikum des Nährmediums ist das Fehlen einer Stickstoffquelle. Eine Pflanze kann auf diesem Nährmedium also nur wachsen, wenn sie Luftstickstoff verwerten kann. Der Knöllchenbildungstest verläuft wie folgt: Zunächst wird Luzernesamen oberflächensterilisiert, um die auf der Samenoberfläche lebenden Mikroorganismen zu entfernen. Dadurch ist auch sichergestellt, daß eine endogene *R.meliloti*-Population auf der Samenoberfläche den Versuchsablauf nicht stört. Nach einem Vorkeimen des oberflächensterilisierten Luzernesamens wird der Keimling auf den speziellen Pflanzenagar in der Petrischale umgesetzt. Vorher erfolgte allerdings noch ein Ausstreichen des zu testenden *R.meliloti*-Stammes auf die untere Hälfte des Pflanzenagars in der Petrischale. Die Petrischale wird anschließend hochkant im Lichtschrank inkubiert. Da im Samen Stickstoffverbindungen vorliegen, entwickelt sich die Pflanze zunächst normal. Ihr Wurzelwerk gerät in Kontakt mit dem ausgestrichenen *R.meliloti*-Stamm, der die Bildung von Wurzelknöllchen induziert. In diesen Wurzelknöllchen werden die Bakterien zu Bakteroiden umgewandelt, fixieren Luftstickstoff und versorgen nun die Pflanze mit dem lebensnotwendigen, gebundenen Stickstoff. Wie auf Tafel I zu sehen ist, liegt eine gesunde Pflanze mit grünem Blattwerk und länglichen Wurzelknöllchen vor. Diese Knöllchen sind auf Tafel II nochmals vergrößert dargestellt. Dazu wurde ein Knöllchen mit einer Rasierklinge in zwei Hälften geteilt. Das Innere der Knöllchen ist deutlich rot gefärbt. Die rote Färbung ergibt sich aus dem in den Pflanzenzellen vorhandenen Leghämoglobin. Dieses Protein ist mit dem im Blut vorkommenden Hämoglobin verwandt. Leghämoglobin ist im Gegensatz zum Hämoglobin allerdings nur aus einer Proteinuntereinheit aufgebaut. Da es für Leguminosen spezifisch ist, wird es Leghämoglobin genannt [4]. Das Leghämoglobin ist, wie zu erwarten, mit einer Hämgruppe versehen, die ein Molekül Sauerstoff binden kann. Dem Leghämoglobin kann man zwei Funktionen zuweisen. Zunächst sorgt es durch Wegfangen von freien Sauerstoff-Molekülen für nahezu anaerobe Verhältnisse. Der sich einstellende extrem niedrige Sauerstoff-Partialdruck ist natürlich eine wichtige Voraussetzung für eine funktionsfähige Nitrogenase. Andererseits dient das Leghämoglobin aber auch für die Versorgung der Bakteroide mit Sauerstoff, denn Rhizobien sind strikt aerobe Mikroorganismen, deren Atmungskette mit Sauerstoff versorgt werden muß. Betrachtet man sich nun das Innere eines Knöllchens mittels Rasterelektronenmikroskopie, so sieht man, daß die Rhizobienzellen als Bakteroide dicht gepackt innerhalb der Pflanzenzellen vorliegen. Die

Bakteroide selbst sind wesentlich größer als freilebende Bakterien und kommen in einer Pflanzenzelle in einer Anzahl von bis zu 100 000 vor (Tafel III).

Wie erfolgt nun die Ausbildung dieser Luzerneknöllchen? In Tafel IV ist das heutige Wissen um diese Morphogenese zusammengefaßt. Die erste Interaktion zwischen Pflanze und Bakterien geschieht an wachsenden Wurzelhärchen. Die Bakterien setzen sich an einer bestimmten Stelle fest, inhibieren dort das Wachstum des Wurzelhärchens und lösen damit eine Wurzelhaarkrümmung aus. Die von der Krümmung eingeschlossenen Bakterien sind nun für die Ausbildung des Infektionsschlauches verantwortlich. Der Infektionsschlauch ist aus Zellwandmaterial aufgebaut. Im Infektionsschlauch vermehren sich die Bakterien durch Teilung und treiben damit wohl auch das Wachstum des Infektionsschlauchs voran. Es sei darauf hingewiesen, daß das Innere des Infektionsschlauchs für die Pflanze Außenraum darstellt. Der Infektionsschlauch kann Zellwände durchdringen und nach Verzweigung praktisch jede beliebige Pflanzenzelle im Knöllchen erreichen. Parallel zum Wachsen des Infektionsschlauchs beobachtet man im Rindengewebe noch Zellteilungsaktivität. Hierbei ist besonders von Interesse, daß diese Zellteilungsaktivität in einer Zellschicht stattfindet, die primär vom Infektionsschlauch noch nicht erreicht ist. Zellteilungsaktivität und Infektionsschlauchbildung scheinen also voneinander unabhängige Vorgänge zu sein. Die Zellteilungsaktivität im Rindengewebe ist nun für die Ausbildung des Knöllchengewebes verantwortlich. Zusätzlich kann man noch beobachten, daß vom zentralen Leitbündel Seitenäste abzweigen, die ein spezifisches Leitbündelsystem für das Knöllchengewebe aufbauen [5]. Schließlich bleibt noch die Besiedlung der Knöllchenzellen mit Rhizobien zu schildern. Vom Infektionsschlauch ausgehend werden Rhizobien abgeschnürt, die von einer pflanzlichen Membran, der Peribakteroid-Membran, umgeben sind. Diese abgeschnürten und umhüllten Rhizobien vermehren sich in der Pflanzenzelle weiter und rufen so die dicht gepackte Besiedlung hervor. Schließlich erfolgt noch die Umwandlung der Bakterien in Bakteroide. Nur im Bakteroidzustand können Rhizobien Stickstoff binden. Im vollentwickelten Knöllchen liegen besiedelte und unbesiedelte Pflanzenzellen nebeneinander. Diese einzelnen Phasen der Knöllchenmorphogenese lassen sich im Lichtmikroskop verfolgen. Mittels Phasenkontrastmikroskopie gelingt es, sowohl die Wurzelhaarkrümmung (Tafel V) als auch das Wachstum des Infektionsschlauchs im Wurzelhaar (Tafel VI) am Lebendobjekt zu beobachten [5]. Des weiteren zeigen Semidünnschnitte an funktionsfähigen Luzerneknöllchen die Organisation und den Aufbau von Wurzelknöllchen. Der Semidünnschnitt in Tafel VII zeigt sowohl die angeschnittene Wurzel als auch das Knöllchen. Das Knöllchen läßt sich in einzelne Zonen zerlegen, die den zeitlich aufeinanderfolgenden Morphogeneseprozeß räumlich nebeneinander abbilden. An der Spitze des Knöllchens befindet sich die meristematische Zone. Hier findet ein ständiges

Wachstum des Knöllchens statt. Beim Luzerneknöllchen hat man es deshalb auch mit einem nichtdeterminierten Knöllchen zu tun, das beständig wächst und deshalb auch die längliche Form einnimmt. Es soll angemerkt werden, daß man bei Leguminosen auch den determinierten Knöllchentyp kennt. Hier kommt die meristematische Teilung zum Stillstand und man hat deshalb sphärische Knöllchen vorliegen. Sojabohnenknöllchen gehören zum determinierten Knöllchentyp. An die meristematische Zone schließt sich die Infektionszone an. Hier lassen sich vor allem Infektionsschläuche ausmachen, die unter anderem die Aufgabe haben, umhüllte Bakterien in die Pflanzenzellen zu entlassen. Als nächste Zone findet man die symbiontische Zone. Hier liegen infizierte und nicht infizierte Pflanzenzellen nebeneinander vor. In den infizierten Pflanzenzellen sind die Rhizobien bereits zu Bakteroiden umgewandelt und in der Lage, Luftstickstoff zu fixieren. Die nicht infizierten Pflanzenzellen sind mit beteiligt, den von den Bakteroiden fixierten Stickstoff in das pflanzliche Zellgeschehen einzuschleusen. Zusätzlich kennt man noch die Seneszenz-Zone. Diese ist auf Tafel VII nicht zu erkennen, da es sich um ein jüngeres Knöllchen handelt. Die Seneszenz-Zone schließt sich an die symbiontische Zone an und hat zur Aufgabe, das mit Bakteroiden gefüllte Pflanzengewebe nach Zweckerfüllung abzubauen. In einem nichtdeterminierten Knöllchen liegen also sämtliche Entwicklungsphasen räumlich nebeneinander.

3. Der Knöllchenbildung an Luzernewurzeln geht ein Austausch von pflanzlichen und bakteriellen Signalen voraus

Im vorhergehenden Kapitel wurde die Entwicklung von Luzernewurzelknöllchen anhand von mikroskopischen Aufnahmen dargestellt. Eine weitere Technik, den Knöllchenbildungsvorgang zu analysieren, besteht im Einsatz von symbiontischen Mutanten des bakteriellen Partners. Zur Isolierung von symbiontischen Mutanten hat sich vor allem die Transposonmutagenese als erfolgreich erwiesen. Das System der Transposonmutagenese, so wie es in den Bielefelder Labors entwickelt wurde, ist in Abbildung 2 dargestellt [6, 7]. Das System baut auf dem Transposon Tn5 auf, das ein Resistenzgen für Resistenzen gegen Kanamycin und Neomycin trägt. Dieses Transposon liegt auf einem normalen Plasmidvektor in *Escherichia coli* vor. Dieser Plasmidvektor enthält allerdings noch ein sogenanntes Mob-Fragment und kann deshalb mobilisiert werden, d. h. durch Vermittlung eines Helferplasmids kann er über Konjugation auf andere Bakterienzellen übertragen werden. In der Abbildung ist das Helferplasmid – in diesem Fall ein RP4-Plasmid mit weitem Wirtsbereich – fest ins *E.coli*-Chromosom integriert [7, 8]. Zur Mutagenese muß das Transposon Tn5 nun nach *Rhizobium meliloti* übertra-

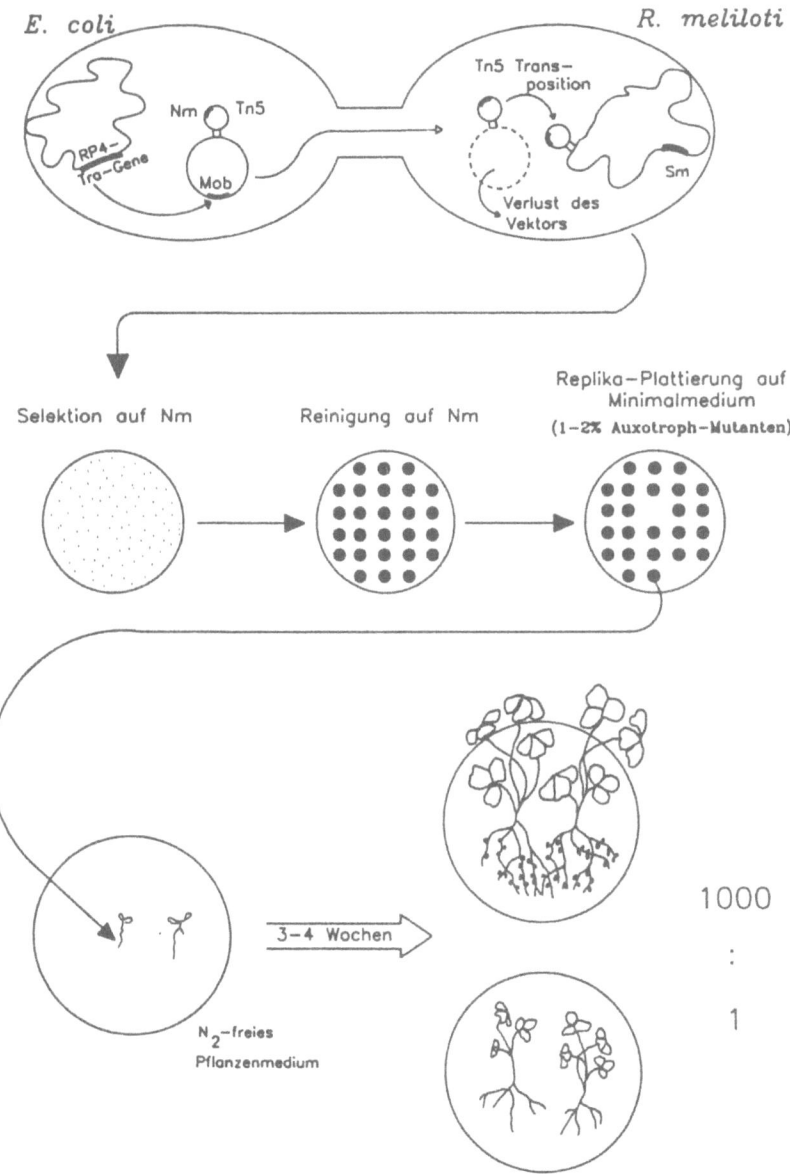

Abb. 2: Schema der Transposonmutagenese bei *Rhizobium meliloti* zur Isolierung von symbiontischen Mutanten
Der Versuchsablauf zur Isolierung von symbiontischen Mutanten von *Rhizobium meliloti* ist in Einzelschritten dargestellt und wird im Text näher beschrieben. (Zeichnung: R. Simon)
Abkürzungen: RP4 = RP4-Plasmid; *tra*-Gene = Transfergene; Mob = Mobilisierungsstelle; Tn5 = Transposon Tn5; Nm = Neomycinresistenz; Sm = Streptomycinresistenz.

gen und dort zur Transposition angeregt werden. Dieser Vorgang ist durch das in Abbildung 2 dargestellte System verwirklicht. Das integrierte RP4-Plasmid kann aufgrund seiner Transfergene den Kontakt zur *R.meliloti*-Rezipientenzelle aufnehmen und die Konjugationsbrücke aufbauen. Im weiteren können dann spezielle Genprodukte, deren Synthese vom RP4-Plasmid gesteuert wird, am Mob-Fragment angreifen und den Transfer des Plasmids in die *R.meliloti*-Rezipientenzelle veranlassen. Das transferierte *E.coli*-Vektorplasmid mit dem Transposon Tn5 kann in *R.meliloti* nicht replizieren und wird deshalb bei Zellteilung ausverdünnt. Damit geht natürlich auch das Transposon Tn5 verloren, wenn dieses vorher nicht durch Transposition ins *R.meliloti*-Chromosom integriert wird. Da diese Tn5-Integration an beliebiger Stelle im Genom erfolgen kann, erhält man auf diese Art und Weise eine Tn5-induzierte Mutantenbank von *R.meliloti*. Die erfolgte Transposition läßt sich leicht nachweisen, denn Tn5-tragende Mutanten haben die Fähigkeit der Kanamycin- und Neomycinresistenz erworben. Eine solche Tn5-induzierte *R.meliloti*-Mutantenbank muß jetzt nur noch im Hinblick auf die gewünschte Mutante durchgemustert werden. Sucht man z.B. auxotrophe Mutanten, so genügt ein Überstempeln auf Minimalmedium. In der vorliegenden Mutantenbank werden solche auxotrophe Mutanten in einer Häufigkeit von 1 bis 2% gefunden [8]. Außerdem ließ sich nachweisen, daß diese Mutanten in unterschiedlichen Biosynthesewegen blockiert sind [9]. Damit ist gezeigt, daß mit dem geschilderten Tn5-Mutageneseverfahren wirklich beliebige Gene des *R.meliloti*-Chromosoms mutiert werden können. Schwieriger ist es jetzt natürlich, symbiontische Mutanten, also Mutanten, die im Symbioseverhalten gestört sind, zu isolieren. Hierzu setzt man den Knöllchenbildungstest ein, so wie er auf Tafel I geschildert wurde. Man kann sich z. B. fragen, ob es *R.meliloti*-Mutanten gibt, die zu keiner Knöllchenbildung mehr fähig sind. Solche Mutanten werden allgemein Nodulationsmutanten genannt. Zum Auffinden von Nodulationsmutanten existiert allerdings kein Selektionsverfahren. Man muß Kolonie für Kolonie der Tn5-induzierten Mutantenbank durchtesten, d. h. einem Nodulationstest unterziehen. Solche Nodulationsmutanten sind mit einer Häufigkeit von etwa 1‰ zu finden.

Abb. 3: Regulation und Funktion der Nodulationsgene von *Rhizobium meliloti*. (Zeichnung: U. B. ▷
Priefer)
(I) Regulation der *R.meliloti*-Nodulationsgene: Das *nod*D1-Gen produziert ein Regulatorprotein, das mit dem Pflanzenfaktor Luteolin interagiert, anschließend an den Promotor (Nod-Box) vor dem *nod*A-Gen bindet, und damit die Nodulationsgene *nod*A, *nod*B und *nod*C anschaltet. Die Formeln für den Luzernepflanzenfaktor Luteolin und den Erbsenpflanzenfaktor Naringenin sind dargestellt.
(II) Funktion der *R.meliloti*-Nodulationsgene: Die angeschalteten Nodulationsgene sind für die Produktion des Nodulationsfaktors NodRm-1 verantwortlich. Dieser steuert die Ausbildung von Luzerneknöllchen. Die Formel für den Nodulationsfaktor NodRm-1 ist dargestellt.

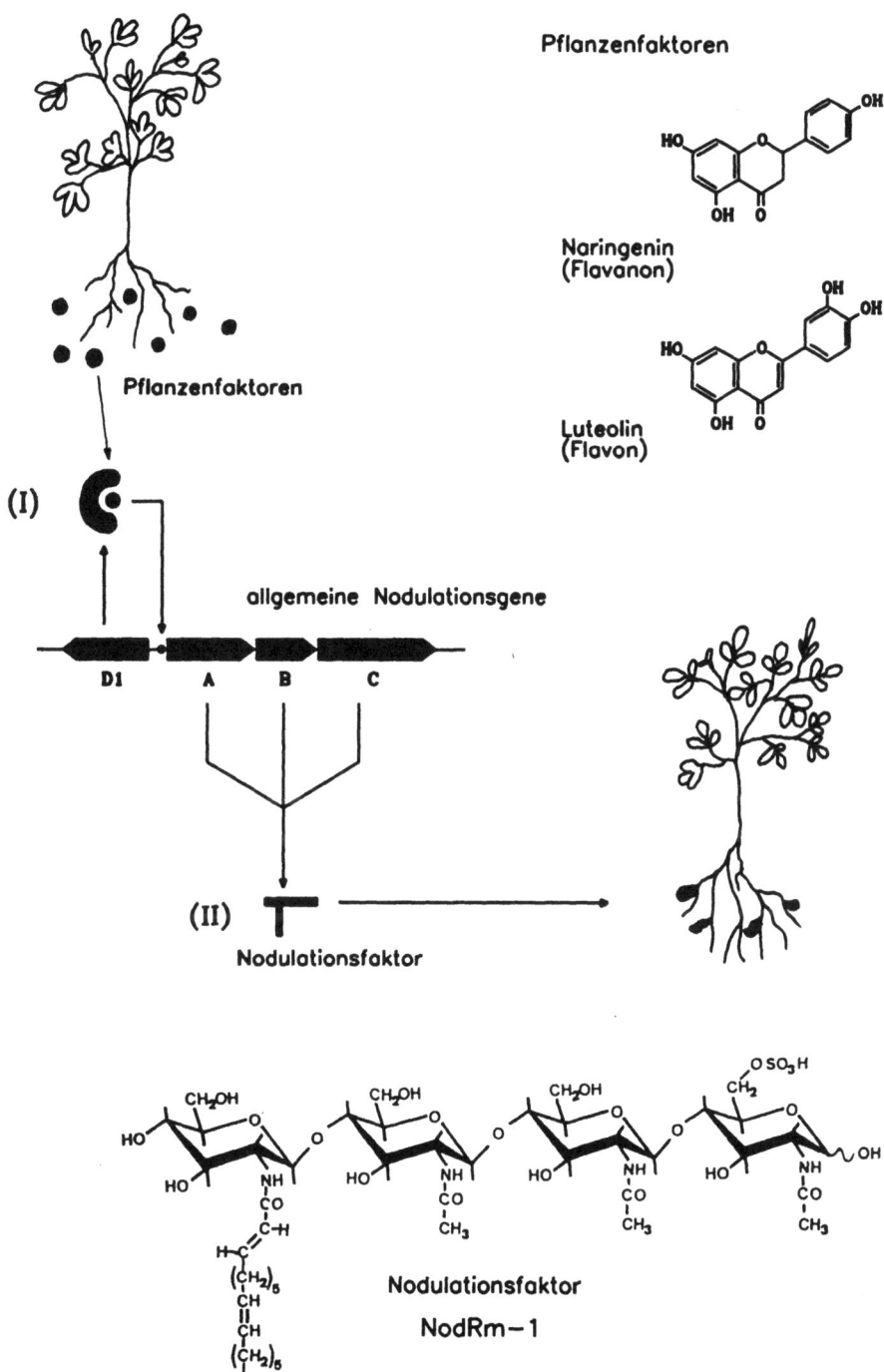

Die weitere Analyse von Nodulationsmutanten wird dann durch das mutationsauslösende Transposon Tn5 wesentlich erleichtert, da die mutierten Nodulationsgene durch das integrierte Transposon markiert sind. Mit Hilfe von Tn5-induzierten Nodulationsmutanten gelang auch die Klonierung der Nodulationsgene von R.meliloti [10].

In Abbildung 3 ist das heutige Wissen um die Nodulationsgene bei R.meliloti zusammengefaßt [11]. Man unterscheidet allgemeine und wirtsspezifische Nodulationsgene. Wie der Name schon andeutet, kommen die allgemeinen Nodulationsgene bei den verschiedenen Rhizobienspezies mehr oder weniger konserviert vor. Die wirtsspezifischen Nodulationsgene dagegen sind speziesspezifisch. Nun galt es, die Funktion der Nodulationsgene aufzuklären. Ein erster Erfolg auf diesem Gebiet wurde erzielt, als man die Regulation der Nodulationsgene studierte. Das heute gültige vereinfachte Modell basiert auf dem Genprodukt des nodD-Gens, das als allgemeiner Aktivator für die Transkription der restlichen Nodulationsgene betrachtet werden kann [11]. Dieser Aktivator benötigt zu seiner positiven Wirkung allerdings noch einen Effektor, der von der Pflanze geliefert wird. Diese pflanzliche Substanz wurde für verschiedene Leguminosen aufgeklärt und man fand, daß es sich hierbei um Flavonoide handelt [11]. In Abbildung 3 ist die wirksame Komponente aus Luzerne, nämlich Luteolin, dargestellt. Auch die Erbse produziert eine ähnliche Substanz, Naringenin genannt, die sich aber deutlich von Luteolin unterscheidet. Die Nodulationsgene in Rhizobien werden also nur angeschaltet, wenn sich das Bodenbakterium in der Nähe von Wurzeln der Wirtspflanze befindet. Diese unterschiedlichen, von Leguminosen ausgeschiedenen Substanzen sind allerdings nicht besonders spezifisch, denn Luteolin aktiviert auch die Nodulationsgene von R.leguminosarum und Naringenin die Nodulationsgene von R.meliloti. Der Bindeort für das NodD-Aktivatorprotein wurde in der Zwischenzeit auch identifiziert. Es handelt sich um die sogenannte Nod-Box, die in Abbildung 3 ebenfalls eingezeichnet ist [11].

Nachdem die Induktion der bakteriellen Nodulationsgene durch pflanzliche Faktoren geklärt war, blieb die Frage, welche Funktion diese Nodulationsgene ausüben. Die Antwort auf diese Frage konnte wiederum durch biochemische Versuche gegeben werden. Es wurde gezeigt, daß die Nodulationsgene aus R.meliloti für die Synthese des sogenannten Nodulationsfaktors NodRm1 verantwortlich sind [12]. Dieser NodRm1-Faktor stellt ein Tetrasaccharid aus vier Glukosaminen dar, das am ersten Glukosamin eine längere, ungesättigte Fettsäure und am vierten Glukosamin einen Schwefelsäurerest trägt. In der Zwischenzeit wurde nachgewiesen, daß dieser Nodulationsfaktor in seiner Struktur variieren kann. Neben einer Variation in der Anzahl der Glukosamine wurde gezeigt, daß auch die Fettsäure in ihrer Länge und ihrem Sättigungsgrad verändert auftreten kann. Auch der Schwefelsäurerest ist z. B. bei Nodulationsfaktoren, die von R.legumi-

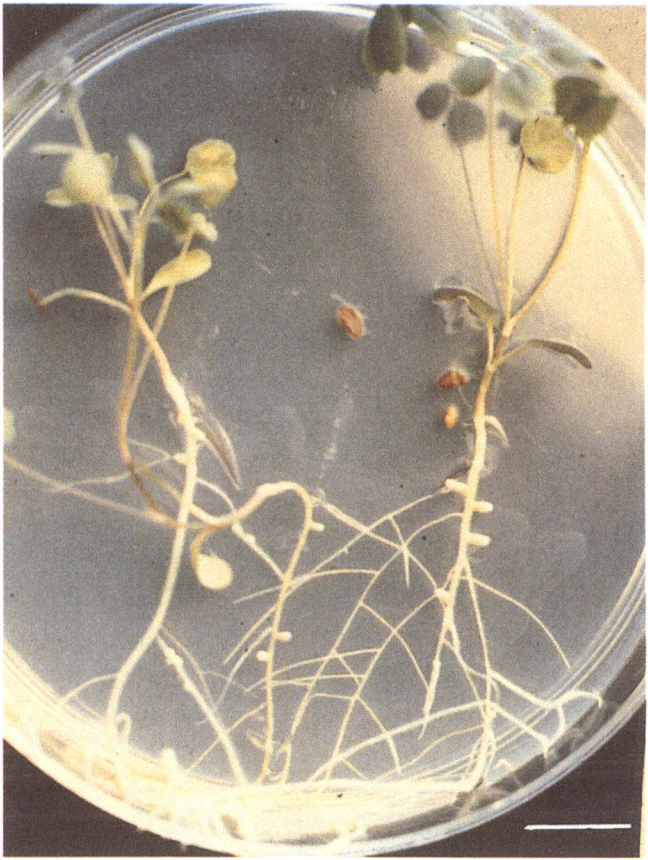

Tafel I: Der Knöllchenbildungstest bei Luzerne
Luzernepflanzen werden auf Pflanzenagar in Petrischalen gezogen. Der zu testende *Rhizobium meliloti*-Stamm ist in der unteren Hälfte der Petrischale ausgestrichen. Die länglichen, Stickstoff-fixierenden Wurzelknöllchen sind deutlich zu erkennen. Balken: 2 cm. (Aufnahme: D. KAPP)

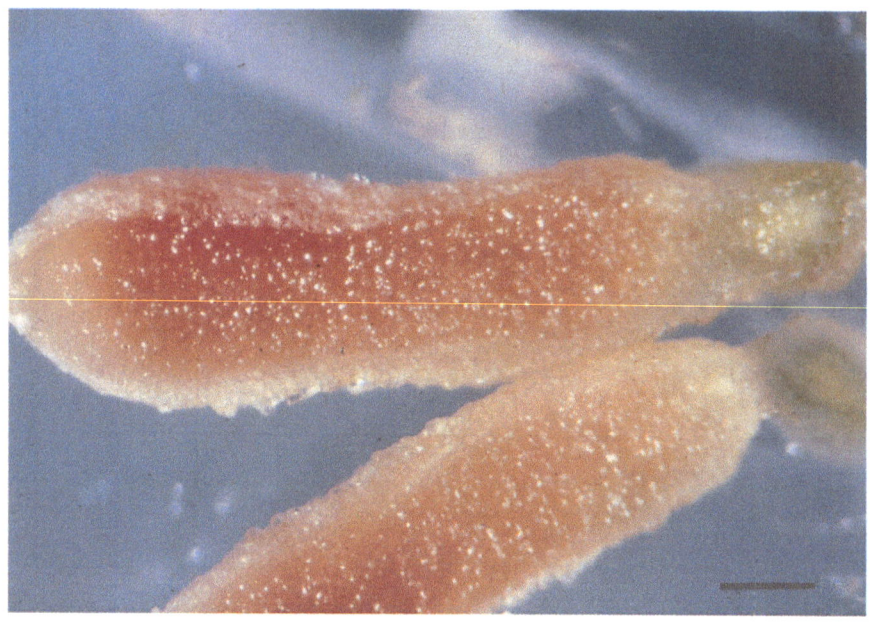

Tafel II: Ein aufgeschnittenes Luzerneknöllchen
Ein Luzernewurzelknöllchen wurde mit einer Rasierklinge in zwei Hälften geteilt und anschließend photographiert. Balken: 0,5 mm. (Aufnahme: D. KAPP)

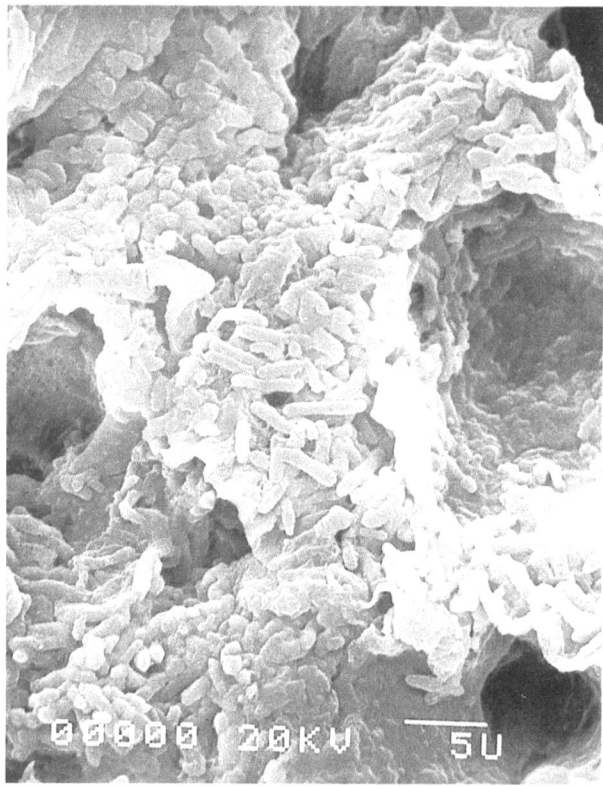

Tafel III: Rasterelektronenmikroskopische Aufnahme der symbiontischen Zone eines Luzerneknöllchens
Die dichtgepackten, länglichen *Rhizobium meliloti*-Bakteroide innerhalb von Zellen der symbiontischen Zone eines Luzerneknöllchens sind dargestellt. Balken: 5 μm. (Aufnahme: K. NIEHAUS)

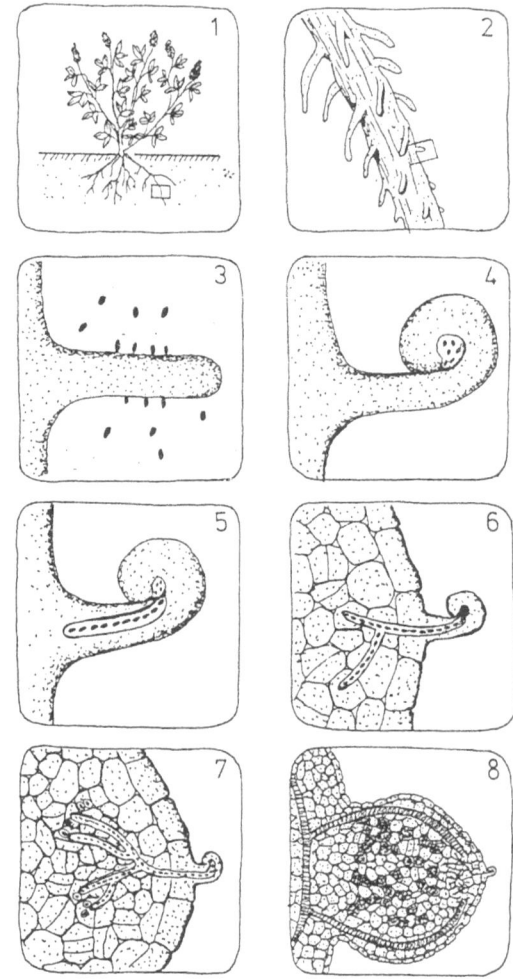

Tafel IV: Schema der Knöllchenbildung bei Luzerne
Der Knöllchenbildungsprozeß ist in mehreren Schemazeichnungen dargestellt. (1) Luzernepflanze, (2) Luzernewurzel mit Wurzelhärchen, (3) *R.meliloti*-Zellen in der Umgebung eines Wurzelhärchens, (4) Wurzelhaarkrümmung mit eingeschlossenen *R.meliloti*-Zellen, (5) Infektionsschlauch in einem Wurzelhärchen, (6) verzweigter Infektionsschlauch im Wurzelgewebe, (7) Freisetzung von *R.meliloti*-Zellen aus dem Infektionsschlauch und (8) ausgebildetes Luzerneknöllchen mit infizierten und nicht infizierten Zellen sowie die das Knöllchen versorgenden Leitbündel. (Zeichnung: U. B. Priefer)

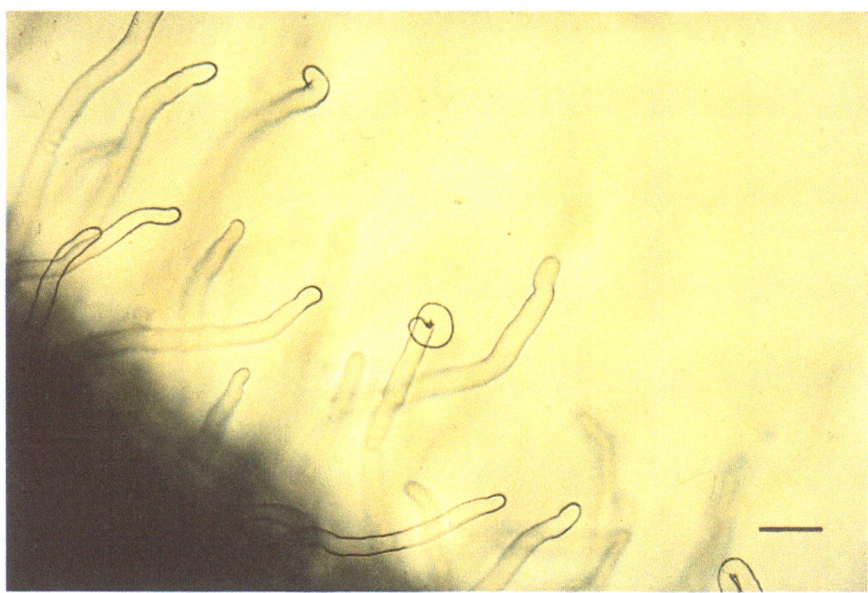

Tafel V: Lichtmikroskopische Aufnahme von gekrümmten Wurzelhaaren einer Luzernewurzel nach Interaktion mit *Rhizobium meliloti*-Zellen
Die Aufnahme der Wurzelhaare einer Luzernewurzel erfolgte am Lebendpräparat mit Hilfe von Phasenkontrastmikroskopie. Drei Tage nach Zugabe von *R.meliloti*-Zellen läßt sich die typische Wurzelhaarkrümmung beobachten (siehe Mitte der Abbildung). Balken: 40 μm. (Aufnahme: K. Niehaus)

Tafel VI: Lichtmikroskopische Aufnahme eines Infektionsschlauches im Inneren eines Wurzelhaars einer Luzernewurzel
Mit Hilfe von Phasenkontrastmikroskopie läßt sich am Lebendobjekt die Ausbildung des Infektionsschlauches im Luzerne-Wurzelhaar sowie im anschließenden Rindengewebe beobachten. Balken: 10 µm. (Aufnahme: K. NIEHAUS)

Bakterien-Pflanzen-Interaktion 23

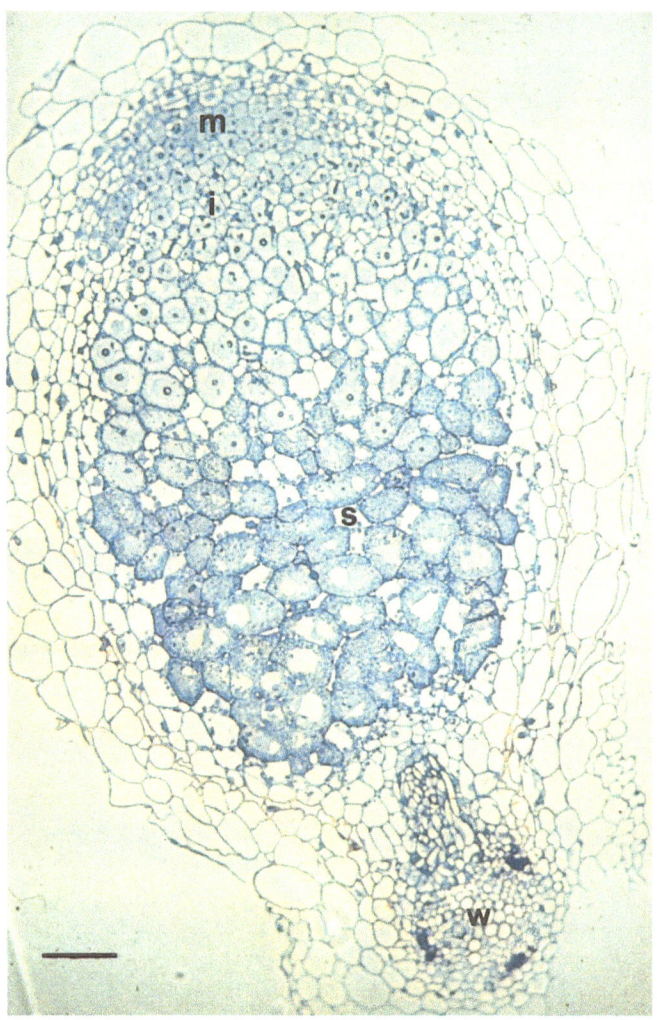

Tafel VII: Semidünnschnitt eines ausgebildeten Luzerneknöllchens
Der Semidünnschnitt eines Luzerneknöllchens wurde mit Toluidin-Blau angefärbt und im Lichtmikroskop photographiert. Balken: 100 μm. (Aufnahme: D. KAPP)
Abkürzungen: m = meristematische Zone; i = Infektionszone; s = symbiontische Zone; w = Wurzel.

Tafel VIII: Filterversuch zur Knöllchenbildung an Luzerne
Rhizobium meliloti-Zellen können durch einen Filter hindurch Luzerneknöllchen induzieren. Einzelheiten zu diesem Versuch sind im Text beschrieben. Balken: 5 mm. (Aufnahme: K. Niehaus)

Tafel IX: Auftreten von Pseudoknöllchen an Luzernewurzeln nach Induktion mit einer *Rhizobium meliloti*-Infektionsmutante. Balken: 0,5 cm.
Pseudoknöllchen sind mehr kugelförmig und zeigen eine deutliche braune Verfärbung.
(Aufnahme: P. MÜLLER)

Tafel X: Ein aufgeschnittenes Luzerne-Pseudoknöllchen
Ein Luzerne-Pseudoknöllchen wurde mit einer Rasierklinge in zwei Hälften geteilt, die anschließend photographiert wurden. Die lokale braune Verfärbung ist deutlich auszumachen. Balken: 200 µm. (Aufnahme: D. KAPP)

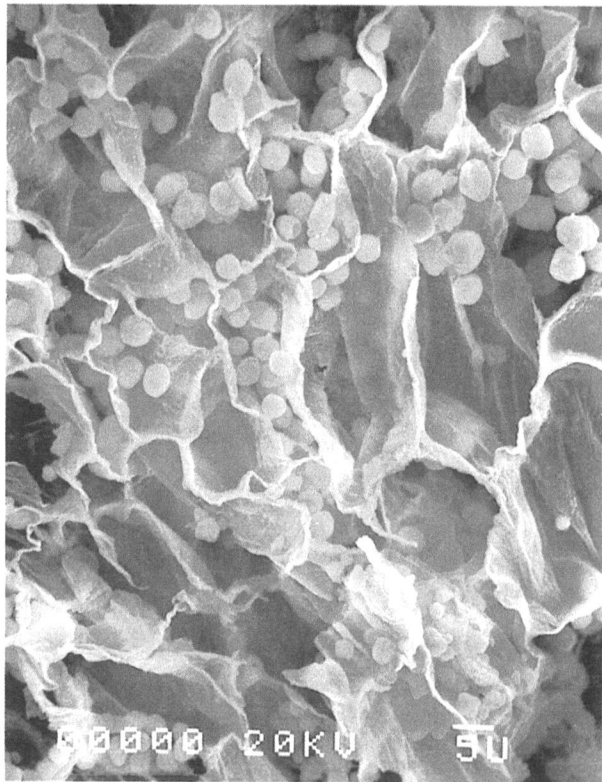

Tafel XI: Rasterelektronenmikroskopische Aufnahme aus dem Inneren eines Luzerne-Pseudoknöllchens
Die pflanzlichen Zellen im Pseudoknöllchen sind deutlich kleiner als die aus der symbiontischen Zone von Wildtypknöllchen (vergleiche Tafel III). Die abgebildeten Kugeln stellen Stärkekörner (Amyloplasten) dar. Balken: 5 μm. (Aufnahme: K. NIEHAUS).

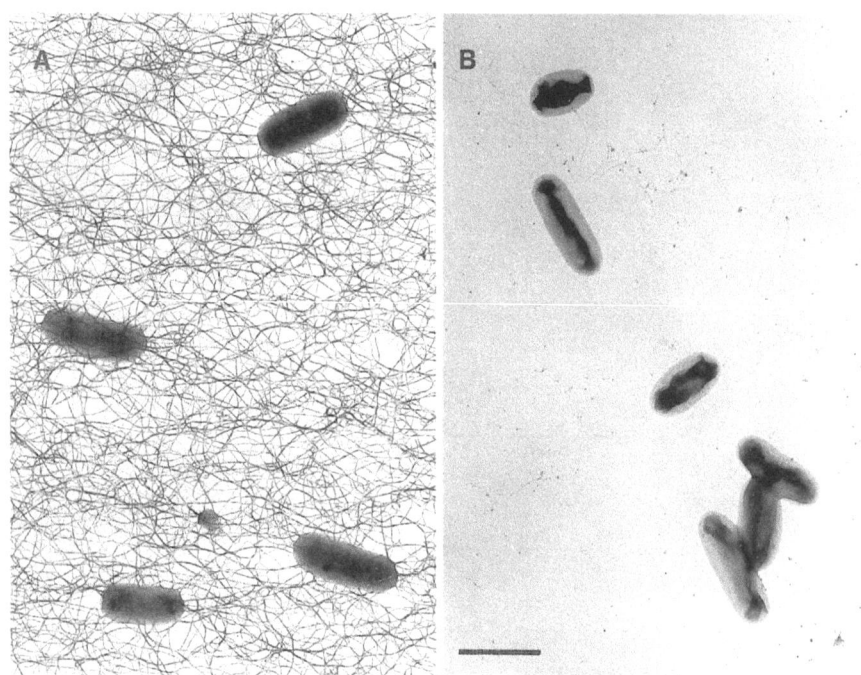

Tafel XII: Exopolysaccharidproduktion durch eine Infektionsmutante von *Rhizobium meliloti*
Der *R.meliloti*-Wildtypstamm Rm2011 (A) und die *R.meliloti*-Infektionsmutante Rm0540 (B) wurden mit Rutheniumrot angefärbt und mittels Elektronenmikroskopie abgebildet. Das Vorliegen von Exopolysacchariden wird durch das Auftreten eines filigranen Netzwerkes angezeigt. Die fädigen Strukturen in (B) sind die Geißeln von *R.meliloti*. Balken: 2 μm. (Aufnahmen: D. KAPP)

Bakterien-Pflanzen-Interaktion

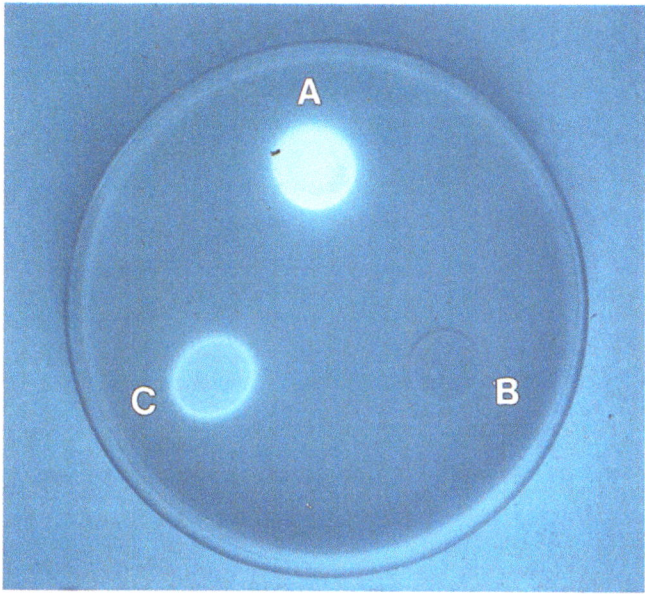

Tafel XIII: Fluoreszenzverhalten der Kolonien einiger *Rhizobium meliloti*-Stämme
Die *R.meliloti*-Stämme Rm2011 (A), Rm0540 (B) und Rm3131 (C) sind auf Bakterienagar gewachsen, der den Farbstoff Calcofluorweiß enthielt. Die Aufnahme zeigt das Fluoreszenzverhalten der Kolonien nach UV-Anregung. (Aufnahme: J. QUANDT)

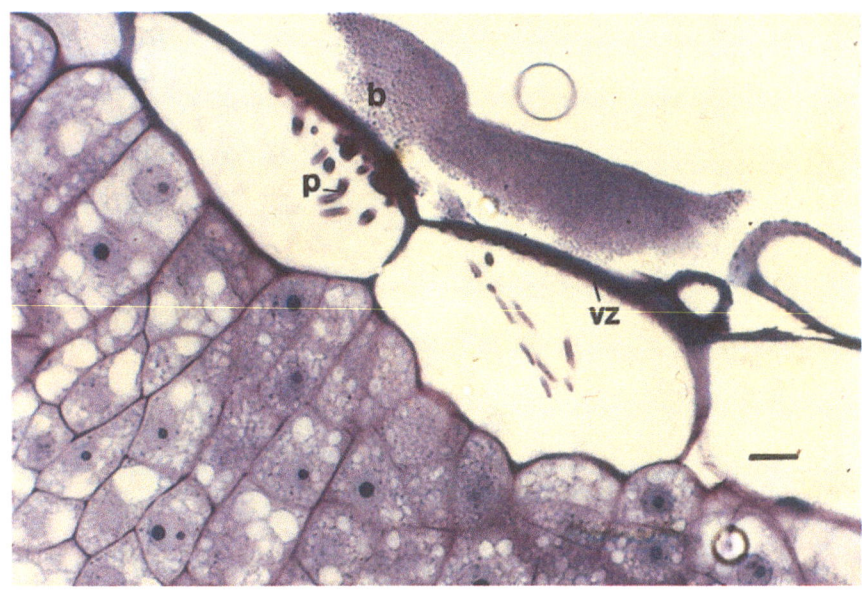

Tafel XIV: Auftreten von verdickten Zellwänden und Ausbildung von Papillen in Luzerne-Pseudoknöllchen, induziert durch eine *Rhizobium meliloti*-Infektionsmutante
Semidünnschnitte von Luzerne-Pseudoknöllchen wurden mit Toluidin-Blau gefärbt und mittels Lichtmikroskopie abgebildet. Die angehäuften Bakterienzellen des Stammes Rm0540 (b), die verdickten Zellwände (vz) und die gebildeten Papillen (p) sind markiert. Balken: 10 μm. (Aufnahme: K. Niehaus)

Bakterien-Pflanzen-Interaktion 31

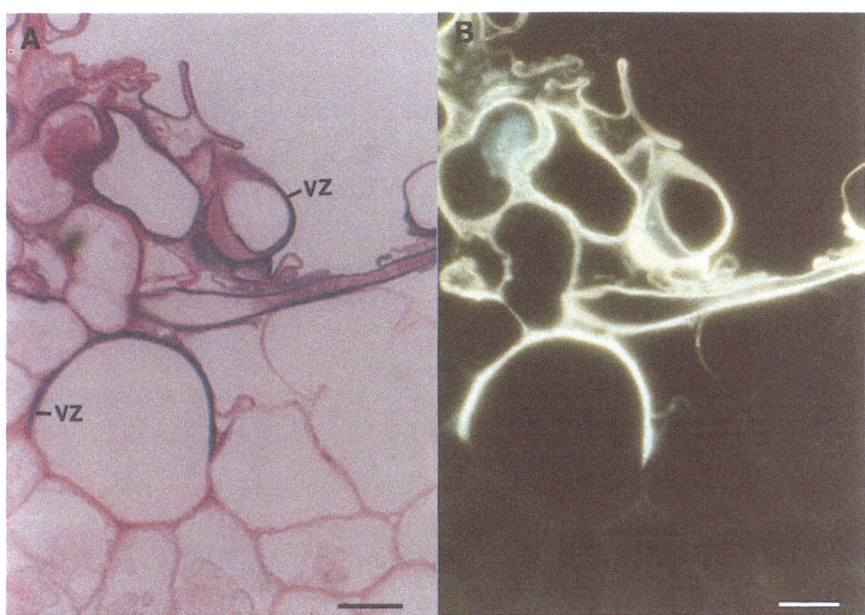

Tafel XV: Nachweis der Autofluoreszenz an verdickten Zellwänden von Luzerne-Pseudoknöllchen induziert durch eine *Rhizobium meliloti*-Infektionsmutante
Semidünnschnitte vom Luzerne-Pseudoknöllchen wurden mittels Phasenkontrastmikroskopie (A) und unter Fluoreszenzbedingung (B) abgebildet. Die verdickten Zellwände (vz) in (A) und die fluoreszenzierenden Zellwände in (B) sind deutlich zu erkennen. Balken: 20 µm. (Aufnahmen: K. Niehaus)

Tafel XVI: Auftreten von teilweise infizierten Pseudoknöllchen nach verzögerter Infektion
Luzerne-Pseudoknöllchen entwickeln nach verlängerter Inkubation Knöllchenbereiche, die mit der Infektionsmutante infiziert sind. Diese teilweise infizierten Pseudoknöllchen sind zur Stickstoff-Fixierung befähigt. Balken: 50 μm. (Aufnahme: D. KAPP)

nosarum synthetisiert werden, nicht vorhanden. Diese Strukturvariationen des Nodulationsfaktors scheinen für die Wirtsspezifität der Rhizobien verantwortlich zu sein und Antwort auf die Frage zu geben, warum *R.meliloti* mit Luzerne und *R.leguminosarum* mit Erbse zur Knöllchenbildung befähigt ist.

Dieser Signalaustausch zwischen dem bakteriellen und dem pflanzlichen Partner konnte im Bielefelder Labor sehr klar mit einem Filterversuch demonstriert werden [14]. Zu diesem Zweck wurde wiederum ein Knöllchenbildungsversuch in einer Petrischale durchgeführt. In Abweichung vom normalen Verfahren wurde jedoch der zu testende *R.meliloti*-Stamm nicht auf dem Pflanzenagar ausgestrichen, sondern auf einem bakteriendichten Filter aufgebracht, der anschließend auf das Wurzelwerk der Luzernepflanze gelegt wurde. Nach drei bis vier Wochen wurde der Filter entfernt. Unter dem Filter konnten deutliche Knöllchenstrukturen identifiziert werden. In Tafel VIII kann das Ergebnis des Versuchs abgelesen werden. Im Versuch waren ursprünglich zwei Bakteriensuspiontragende Filter eingesetzt. Ein Filter ist in der Abbildung bereits entfernt und die unter dem Filter gebildeten Knöllchen sind deutlich zu sehen. Diese Knöllchen sind übrigens nicht mit Bakterien infiziert, da der *R.meliloti*-Stamm den Filter ja nicht durchdringen kann. Dieser Versuch bestätigt den Signalaustausch zwischen den Symbiosepartnern. Man muß wohl folgern, daß zunächst das pflanzliche Signal, also das Flavonoid, den Filter passiert, um die Nodulationsgene anzuschalten, und daß anschließend die Signalantwort des bakteriellen Partners, also der Nodulationsfaktor, erneut durch den Filter hindurch auf die Luzernewurzel einwirkt und die Knöllchenbildung auslöst. Die Signalkette in der Luzernewurzel ist noch nicht aufgeklärt. Man beobachtet lediglich, daß durch Einwirkung des Nodulationsfaktors zunächst die meristematische Aktivität im Rindengewebe der Wurzel ausgelöst wird, was schließlich zur Knöllchenbildung führt. Der bakterielle Nodulationsfaktor erfüllt damit alle Kriterien, die gemeinhin an ein pflanzliches Hormon gestellt werden.

4. Der Infektionsprozeß von Luzerneknöllchen ist von der Knöllchenbildung abgekoppelt

Der im vorigen Kapitel geschilderte Filterversuch zeigte bereits, daß die Knöllchenbildung an Luzernewurzeln unabhängig vom Infektionsprozeß abläuft. Diese Entkopplung von Knöllchenbildung und Knöllcheninfektion sollte nun mittels Isolierung geeigneter Mutanten nachvollzogen werden, d. h. es wurden Mutanten von *R.meliloti* gesucht, die die Knöllchenbildung noch auslösen, aber die Knöllcheninfektion nicht mehr durchführen können. Solche Infektionsmutanten konnten gefunden werden [9]. Nach Transposonmutagenese wurden Tn5-

induzierte *R.meliloti*-Stämme isoliert, die Knöllchen mit deutlich veränderter Morphologie induzierten (Tafel IX). Die Knöllchen wichen deutlich von der normalen, länglichen Form ab und werden allgemein als Pseudoknöllchen bezeichnet. Im Gegensatz zu normalen Luzerneknöllchen enthalten diese Pseudoknöllchen auch kein Leghämoglobin, da aufgeschnittene Knöllchen keine Rotfärbung zeigen (Tafel X). Im weiteren wurde mittels Rasterelektronenmikroskopie nachgewiesen, daß das Innere der Knöllchen bakteroidfrei ist. Die sphärischen Partikel, die auf Tafel XI zu sehen sind, stellen Amyloplasten dar, also Stärkekörner, die als Energie- und Kohlenstoffquelle in den pflanzlichen Zellen abgelagert sind. Pseudoknöllchen sind also leere Knöllchen. Damit wurden *R.meliloti*-Infektionsmutanten gefunden, welche Luzerneknöllchen zwar noch induzieren, diese aber nicht mehr besiedeln können [9]. Natürlich wurde auch der Schritt identifiziert, der zur Blockierung des Infektionsvorganges führt. Es konnte gezeigt werden, daß Infektionsmutanten zwar teilweise noch zur Wurzelhaarkrümmung befähigt sind, dann aber keinerlei Infektionsschläuche mehr ausbilden können. Infektionsmutanten sind also in der frühesten Phase, und zwar bei der Infektionsschlauchbildung im Wurzelhaar, blockiert [9].

Nach Isolierung der Infektionsmutanten bei *R.meliloti* entstand die Frage, ob diese Mutanten auch unter freilebenden Bedingungen einen veränderten Phänotyp aufweisen. Diese Frage ließ sich sehr schnell beantworten, denn Infektionsmutanten bilden auf Festmedium Kolonien mit rauher Oberfläche. Diese rauhe Kolonieoberfläche deutete auf einen Mangel an Oberflächenpolysacchariden hin, was nach einem einfachen Färbeverfahren mittels Elektronenmikroskopie gezeigt werden konnte [15]. Auf Tafel XII werden nach Rutheniumrot-Färbung zwei *R.meliloti*-Flüssigkulturen einander gegenübergestellt. Während die *R.meliloti*-Wildtypkultur ein filigranes Netzwerk aufweist, fehlt dieses bei der Infektionsmutante komplett. Dieses filigrane Netzwerk wird nach Rutheniumrot-Färbung von ins Medium abgegebenen Exopolysacchariden gebildet. Die *R.meliloti*-Infektionsmutante ist offensichtlich nicht mehr in der Lage, Exopolysaccharide zu bilden. Damit ist gezeigt, daß eine einzige Mutation gleichzeitig zum Ausfall der Exopolysaccharidproduktion und der Infektionsfähigkeit führen kann. Obwohl es verlockend ist zu spekulieren, daß bakterielle Exopolysaccharide bei der Infektionsschlauchbildung benötigt werden, ist dieser kausale Zusammenhang bis heute nicht bewiesen. Man muß nämlich auch in Betracht ziehen, daß ein Nebenprodukt der Exopolysaccharidbiosynthese und nicht das Exopolysaccharid selbst die essentielle Rolle bei der Infektionsschlauchbildung spielen könnte. Wie komplex diese Fragestellung wirklich ist, wurde nach Isolierung einer *R.meliloti*-Mutante klar, die noch zur Infektion von Luzerneknöllchen fähig war, ohne das *R.meliloti*-Wildtyp Exopolysaccharid zu bilden [16, 17]. Diese spezielle *R.meliloti*-Mutante ist als Kolonie auf Festmedium nach Calcofluorweiß-Färbung und UV-Anregung auf Tafel XIII dargestellt. Wildtyp-*R.meliloti*-Kolonien senden nach Calcofluorweiß-Färbung und UV-Anregung ein bläuliches Fluoreszenzlicht aus. Diese Fluoreszenz beruht auf der Wechselwirkung des bakteriellen Exopolysaccharids mit dem Farbstoff Calcofluorweiß. Kolonien von Infektionsmutanten zeigen natürlich aufgrund des fehlenden Exopolysaccharids diese Fluoreszenz nicht mehr und erscheinen deshalb dunkel [9, 18]. Eine Kolonie der neuisolierten Mutante zeigt nun ein deutlich verändertes Fluoreszenzverhalten. Dieses Fluoreszenzverhalten ist wesentlich schwächer und geht aus einer bläulichen Fluoreszenz in eine grünliche Fluoreszenz über. Ausführliche Analysen haben nun folgende Ergebnisse erbracht: Der *R.meliloti*-Wildtypstamm Rm2011 produziert das Exopolysaccharid EPSI, während die Infektionsmutante Rm0540 keinerlei Exopolysaccharid mehr produziert [9]. Die neuisolierte *R.meliloti*-Mutante Rm3131 dagegen synthetisiert anstelle von EPSI das alternative Exopolysaccharid EPSII [16, 17].

Der unterschiedliche Aufbau von EPSI und EPSII kann deutlich mittels NMR-Spektroskopie demonstriert werden. Biochemische Versuche und Interpretation von NMR-Daten lieferten die Struktur der sich wiederholenden Einheiten in EPSI und EPSII (Abb. 4). Die EPSI-Untereinheit stellt ein Octasaccharid dar, das verzweigt ist und aus sieben Molekülen Glukose und einem Molekül Galaktose besteht [16]. Die Seitenkette wird mit einem Pyruvylrest abgeschlossen. Die Untereinheit von EPSI ist noch mit Acetyl- und Succinylresten deko-

Abb. 4: Die molekulare Struktur der Untereinheiten der Exopolysaccharide EPSI und EPSII von *Rhizobium meliloti*
Die Untereinheit von EPSI stellt ein Octasaccharid dar, das eine Verzweigung aufweist und am Seitenkettenende eine Pyruvylgruppe trägt. Die Untereinheit von EPSII dagegen ist lediglich ein Disaccharid, das mit einer Acetyl- und Pyruvylgruppe dekoriert ist.

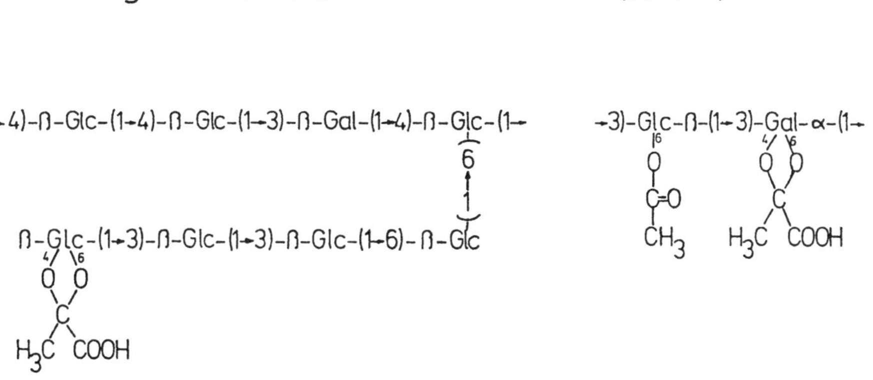

succinoglucan (EPS I)   (EPS II)

→4)-ß-Glc-(1→4)-ß-Glc-(1→3)-ß-Gal-(1→4)-ß-Glc-(1→   →3)-Glc-ß-(1→3)-Gal-α-(1→
                                              6 |6   4/ \6
                                              ↑   O   O O
ß-Glc-(1→3)-ß-Glc-(1→3)-ß-Glc-(1→6)-ß-Glc   C=O   C
    4/ \6 | / \
    O O CH_3 H_3C COOH
     \ /
      C
    / \
 H_3C COOH

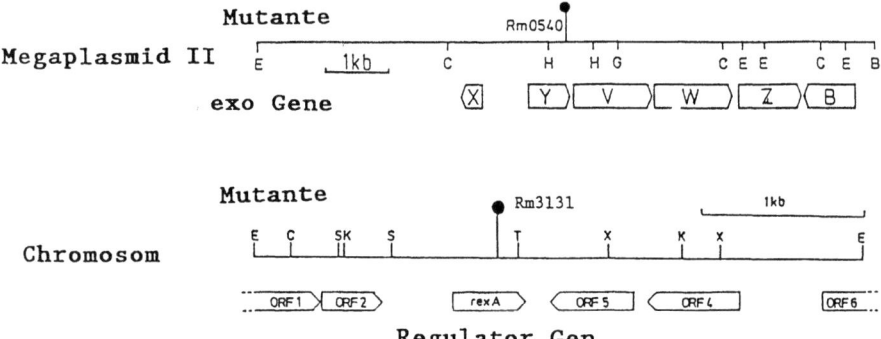

Abb. 5: Überblick über die Genetik und das Verhalten einiger *Rhizobium meliloti*-Stämme
Dargestellt sind zwei Bereiche aus dem *R.meliloti*-Genom. Ein Bereich trägt die Biosynthesegene *(exo)* für das Exopolysaccharid EPSI. Der andere Bereich beinhaltet das Regulatorgen *rex*A. Die Tn5-Mutationen in *exo*Y (Stamm Rm0540) und *rex*A (Stamm Rm3131) sind eingezeichnet. In der Tabelle wird die Exopolysaccharidproduktion und das Infektionsverhalten dieser Stämme dargestellt. Der Stamm RmJQ46 trägt sowohl die *exo*Y- als auch die *rex*A-Mutation. Es handelt sich also um eine Doppelmutante.

riert. Daraus resultiert auch der Name Succinoglukan. Die EPSII-Untereinheit dagegen stellt lediglich ein Disaccharid dar, welches aus einem Molekül Glukose und einem Molekül Galaktose besteht. Auch diese Untereinheit ist dekoriert und trägt neben einem Pyruvyl- noch einen Acetylrest [16].

In der Zwischenzeit gelang es in den Bielefelder Labors, die Mutation der *R.meliloti*-Stämme Rm0540 und Rm3131 genauer zu analysieren. Wir wissen heute, daß der Stamm Rm0540 eine Tn5-Insertion in dem Exopolysaccharid-Biosynthesegen *exo*Y aufweist [17]. Das Gen *exo*Y gehört zu einem Verband von Genen, die alle an der Biosynthese von EPSI beteiligt sind [19]. Im Gegensatz dazu trägt der Stamm Rm3131 eine Tn5-Insertion in dem Regulationsgen *rex*A, das offensichtlich zwischen EPSI- und EPSII-Produktion umschaltet. Nach Mutation von *rex*A wird anstelle von EPSI das alternative Exopolysaccharid EPSII synthetisiert [16, 17]. Die Abhängigkeit des Infektionsgeschehens von der Synthese der Exopolysaccharide EPSI und EPSII konnte mittels genetischer Versuche einfach demonstriert werden. In Abbildung 5 ist das Ergebnis zusammengefaßt: Der EPSI produzierende Stamm Rm2011 infiziert Luzerneknöllchen. Die Mutante Rm0540 dagegen, die kein EPSI mehr bildet, ist auch nicht mehr zur Infektion von Luzerneknöllchen fähig [16]. Anders verhält sich die Mutante Rm3131, die das alternative EPSII produziert und zur Knöllcheninfektion befähigt ist. Man könnte aus diesem Verhalten schließen, daß das alternative EPSII das Exopolysaccharid EPSI beim Infektionsvorgang ersetzen kann. Doppelmutanten von *R.meliloti*, die sowohl in *rex*A als auch in *exo*Y mutiert sind, produzieren nach wie vor und sogar gesteigert EPSII, sind jetzt aber nicht mehr in der Lage, Luzerneknöllchen zu infizieren [16]. Diese Beobachtung zeigt deutlich, daß das alternative EPSII das Exopolysaccharid EPSI beim Infektionsvorgang nicht ersetzen kann. Außerdem muß man wohl schließen, daß zur Infektion von Luzerneknöllchen die funktionsfähigen Gene für EPSI-Biosynthese benötigt werden. Damit stellt sich die Frage, welche Rolle die EPSI-Biosynthesegene bei der Infektion von Luzerneknöllchen spielen.

5. Nur Symbiosepartnern mit der richtigen Zelloberfläche wird die Infektion von Luzerneknöllchen erlaubt

Wenn man über die Rolle von bakteriellen Exopolysacchariden bei der Knöllcheninfektion nachdenkt, so kann man verschiedene Vorstellungen entwickeln. Exopolysaccharide könnten z. B. eine essentielle Komponente des Infektionsschlauches darstellen. Beim Fehlen der Exopolysaccharide ist dann die Ausbildung von Infektionsschläuchen unterbunden. Eine zweite Arbeitshypothese könnte davon ausgehen, daß bakterielle Exopolysaccharide als Signal für die Induktion von Infektionsschläuchen dienen. Eine weitere Hypothese könnte aber auch lauten, daß bakterielle Exopolysaccharide der Pflanze das Eindringen des Symbiosepartners ankündigen. Diese letzte Hypothese konnte durch Experimente gestützt werden, so daß heute davon ausgegangen wird, daß das Exopolysaccharid EPSI von *R.meliloti* oder eine davon abgeleitete Verbindung als Suppressor der Pflanzenabwehr bei Luzerne wirkt und dem Mikrosymbionten ein ungehindertes Ausbreiten in der Wirtspflanze ermöglicht. Die diese Theorie stützenden Experimente sollen im weiteren geschildert werden.

Zunächst wurde die Frage untersucht, ob Infektionsmutanten von *R.meliloti*, die in der EPSI-Biosynthese defekt sind, in Luzerneknöllchen Pflanzenabwehr auslösen. Eine solche Pflanzenabwehr konnte bei Luzerne-Pseudoknöllchen, die durch die Infektionsmutante Rm0540 induziert wurden, deutlich gezeigt werden [17]. Schon auf Tafel IX ist zu sehen, daß Pseudoknöllchen teilweise braune Bereiche aufweisen, die als Orte der Pflanzenabwehr angesehen werden können. Betrachtet man sich diesen Ort mit dem Lichtmikroskop (Tafel XIV), so wird deutlich, daß genau in Nachbarschaft zu einer Ansammlung von Zellen der *R.meliloti*-Infektionsmutante Rm0540 die pflanzlichen Zellwände von Knöllchenzellen verdickt vorliegen und daß außerdem in den betroffenen Knöllchenzellen Papillen zu erkennen sind, die – wie nachgewiesen werden konnte – aus Callose bestehen [20]. Die Verdickung von Zellwänden und das Auftreten von Papillen sind als pflanzliche Abwehrmechanismen bekannt. Man kann davon ausgehen, daß die Verdickung von Zellwänden durch Einlagerung von phenolischen Verbindungen bedingt ist. Solche phenolischen Verbindungen lassen sich nun bequem durch Autofluoreszenz nachweisen [20]. Auf Tafel XV ist deutlich zu sehen, daß gerade die verdickten Zellwände zur Autofluoreszenz angeregt werden können, während normale pflanzliche Zellwände kein Fluoreszenzlicht emittieren. Eine biochemische Analyse der verdickten Zellwände aus Luzerne-Pseudoknöllchen bestätigte den Befund. Nach Auftrennung der Verbindungen aus normalen und verdickten Zellwänden von Luzerneknöllchen mittels Hochdruck-Flüssigkeits-Chromatographie wurde deutlich, daß phenolische Substanzen in Zellwände von Pseudoknöllchen eingelagert vorkommen [20]. Damit ist mit verschiedenen Methoden nachgewiesen, daß Knöllchengewebe von Luzerne

Abb. 6: Ein Modell zur Suppression der Pflanzenabwehr in Luzerneknöllchen
Dargestellt ist eine *R.meliloti*-Zelle in Wechselwirkung mit einer Luzernezelle. Auf der Oberfläche der Luzernezellen sind Rezeptoren dargestellt, die mit sogenannten Elicitoren (z. B. LPS-Komponenten) interagieren können und damit Pflanzenabwehr auslösen. Diese Signalkette kann durch den Suppressor EPS1 blockiert werden, der ebenfalls an die Rezeptoren bindet und damit den Platz besetzt, den die Elicitoren zur Auslösung der Pflanzenabwehr benötigen würden. (Modell: K. NIEHAUS)

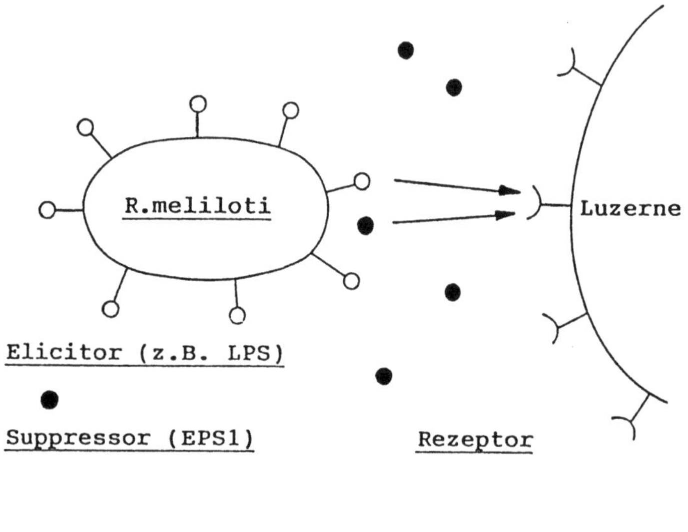

auf EPSI-defekte *R. meliloti*-Mutanten mit Pflanzenabwehr reagieren. Dieses Verhalten läßt sich mit dem Modell der Suppression der Pflanzenabwehr in Luzerneknöllchen durch EPSI oder eine verwandte Verbindung im Detail beschreiben. Das Modell ist in Abbildung 6 dargestellt und geht davon aus, daß auf der Zelloberfläche von Zellen aus Luzerneknöllchen Rezeptoren vorliegen, die auf bakterielle Elicitoren, z. B. Lipopolysaccharidkomponenten, reagieren und dann Pflanzenabwehr auslösen. Diese Pflanzenabwehr wird durch EPSI oder eine verwandte Verbindung unterdrückt. Die einfachste Vorstellung wäre, daß der postulierte Rezeptor auch den Suppressor binden kann und so den Elicitor in seiner Wirkung blockiert [20]. Falls der Suppressor wie bei der Infektionsmutante Rm0540 nicht mehr gebildet wird, unterbleibt die Suppression und die Pflanzenabwehr setzt ein. Für dieses Arbeitsmodell existieren noch zwei interessante Experimente, die im weiteren geschildert werden sollen.

Zunächst handelt es sich um die gemischte Inokulation von Luzernewurzeln mit Nodulations- und Infektionsmutanten. Dieser einfache Versuch erbrachte ein besonderes Ergebnis [9]. In Abbildung 7 wird der Versuchsablauf schematisch geschildert. Zunächst wird nochmals gezeigt, daß *R. meliloti*-Nodulationsmutanten keinerlei Interaktion mit Luzernewurzeln zeigen. *R. meliloti*-Infektionsmutanten dagegen lösen die Bildung von Pseudoknöllchen aus, die sich in ihrer Morphologie deutlich von Wildtypknöllchen unterscheiden und natürlich nicht besiedelt sind. Inokuliert man nun eine Luzernepflanze gleichzeitig mit einer *R. meliloti*-Nodulations- und einer Infektionsmutante, so beobachtet man wieder normale Wildtypknöllchen, die offensichtlich Luftstickstoff fixieren können, denn

Abb. 7: Gemischte Inokulation von Luzernewurzeln mit Nodulations- und Infektionsmutanten
In (A) ist der Nodulationstest einer Luzernepflanze mit einer *R. meliloti*-Nodulationsmutante dargestellt. Es ergeben sich keinerlei Anzeichen einer Knöllchenbildung. In (B) wurde der analoge Test mit einer Infektionsmutante durchgeführt. In diesem Fall treten die Luzerne-Pseudoknöllchen auf. In (C) wurde der Knöllchenbildungstest mit einem Gemisch aus einer Nodulations- und einer Infektionsmutante ausgeführt. Es treten Wildtyp-ähnliche Knöllchen auf, die zur Stickstoff-Fixierung fähig sind.

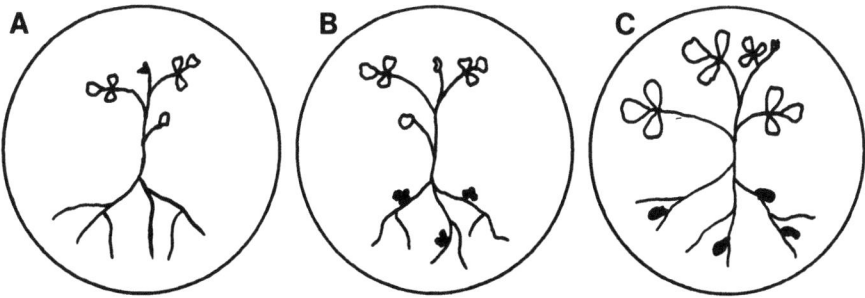

die Luzernepflanze stirbt nicht ab. Genauere Analysen zeigen, daß bei gemischter Inokulation die gebildeten Knöllchen infiziert sind und sich diese kaum von normalen Luzerneknöllchen unterscheiden. Von Interesse ist nun die Frage: Welcher Stamm schafft die Infektion? Hier ist zu berichten, daß bei einem gemischten Inokulationsexperiment stets beide Mutanten, nämlich die Nodulations- und die Infektionsmutante, im Luzerneknöllchen auftreten [14]. Außerdem konnte gezeigt werden, daß beide Mutanten in gemischt infizierten Knöllchen meist in einem Verhältnis von 1:1 beobachtet werden. Beide Mutantenstämme ergänzen sich also gegenseitig. Während die Infektionsmutante für die Nodulation verantwortlich zeichnet, scheint die Nodulationsmutante eine wichtige Rolle bei der Infektion zu spielen. Es soll extra darauf hingewiesen werden, daß aus gemischt infizierten Luzerneknöllchen stets die beiden Ausgangsstämme isoliert werden können und nicht etwa *R.meliloti*-Stämme, die ihre genetischen Defekte durch Genaustausch und Rekombination heilen konnten [9, 14]. Kommen wir nun auf das Suppressormodell zurück, so läßt sich das Zusammenspiel von Nodulations- und Infektionsmutanten einfach beschreiben. Die Nodulationsmutante stellt *in trans* den Suppressor, nämlich EPSI oder eine verwandte Verbindung zur Verfügung und supprimiert damit die Pflanzenabwehr. Das Auftreten der beiden Mutanten in Knöllchen im Verhältnis 1:1 deutet übrigens an, daß das Suppressorsignal auch noch innerhalb des Infektionsschlauches benötigt wird.

Eine weitere Beobachtung läßt sich mit dem Suppressormodell deuten. Normalerweise wertet man Nodulationsversuche nach drei bis vier Wochen aus. Im Falle der Infektionsmutante Rm0540 erhält man ohne Ausnahme Pseudoknöllchen, die keinerlei Stickstoff-Fixierungsaktivität zeigen. Die Luzernepflanze ist dementsprechend in einem schlechten Zustand und leidet unter starkem Stickstoffmangel. Kultiviert man eine solche Pflanze aber weiter, so ändert sich das Geschehen nach sechs bis sieben Wochen grundlegend. Die fast schon abgestorbenen Pflanzen ergrünen teilweise erneut, und an den Pseudoknöllchen entwickeln sich Auswüchse, die deutlich rot gefärbt sind (Tafel XVI). Diese Auswüchse enthalten Bakteroide, die Luftstickstoff fixieren. Isolierung des infizierenden *R.meliloti*-Stammes zeigt, daß es sich um den ursprünglichen Stamm Rm0540 handelt, also um die unveränderte Infektionsmutante [21]. Im Lichte des Suppressormodells kann man diese Beobachtung wie folgt deuten: Aufgrund der Pflanzenabwehr wird dem Stamm Rm0540 zunächst die Infektion unmöglich gemacht. Da die Pflanze aber im Laufe der Zeit unter starken Stickstoffmangel gerät, wird sie gewisse zelluläre Vorgänge reduzieren bzw. abschalten müssen. Dazu könnte auch die Pflanzenabwehr gehören. Als Resultat dieses Verhaltens kann man sich vorstellen, daß die Infektionsmutante Rm0540 nun die Infektion schafft und das Knöllchengewebe besiedeln kann. Mit diesem Versuch ist übrigens gezeigt, daß das Exopolysaccharid EPSI oder eine verwandte Verbindung nur bedingt esssentiell ist, nämlich dann, wenn die Pflanze zur Abwehr bereit ist. Ein weiterer Schluß, der gezogen werden kann, ergibt sich aus dem Vorliegen von Stickstoff-fixierenden Bakteroiden. Offensichtlich spielt das fehlende Exopolysaccharid EPSI bei der Besiedlung der Pflanzenzellen keine Rolle mehr, denn diese läuft vollkommen ungestört und analog wie mit dem Wildtyp-Stamm ab. Auch die von den Bakteroiden ausgeführte Stickstoff-Fixierung ist von dem bakteriellen Exopolysaccharid EPSI unabhängig.

6. Schlußbetrachtung und historischer Rückblick

Thema dieser Abhandlung war der Signalaustausch zwischen den Symbiosepartnern bei der Ausbildung von Luzerneknöllchen. Mit dem Vorliegen von Stickstoff-fixierenden Bakteroiden innerhalb von Zellen der symbiontischen Zone von Luzerneknöllchen ist dieser Vorgang eigentlich abgeschlossen. Trotzdem scheint der Signalaustausch zwischen den Symbiosepartnern noch fortzubestehen. Ein weiteres Signal der Pflanze, welches vom Bakteroid verarbeitet wird, ist der extrem niedrige Sauerstoffpartialdruck. Die nahezu anaeroben Verhältnisse in Knöllchen werden von der Pflanze durch eine spezielle Schicht von Pflanzenzellen erzeugt, die knapp unter der Knöllchenoberfläche angesiedelt ist und die damit die normale Sauerstoffatmosphäre vom Knöllcheninneren fernhält. Das Bakteroid reagiert nun auf diesen niedrigen Sauerstoffpartialdruck und erlaubt nur unter diesen mikroaeroben Bedingungen die Expression der Stickstoff-Fixierungsgene. Ein weiteres Signal, das dieses Mal von den Bakteroiden produziert wird, veranlaßt die Pflanze zu einer radikalen Reaktion. Sobald die in den Pflanzenzellen vorliegenden Bakteroide den Stickstoff-Fixierungsvorgang beenden oder diesen aufgrund einer Mutation in den Stickstoff-Fixierungsgenen überhaupt nicht starten, reagiert die Pflanze mit einem kompletten Abbau des infizierten Knöllchengewebes. Es entsteht die sogenannte Seneszenzzone, die schon zu Beginn dieses Artikels erwähnt wurde. In dieser Seneszenzzone erlischt jegliche zelluläre Aktivität. Die Bakteroide sind verschwunden und von den Knöllchenzellen liegen nur noch die leeren Hüllen vor. Dieser zuletzt erwähnte Austausch von Signalen ist in seinen Einzelheiten noch nicht bekannt und benötigt noch weitere Analysen.

Der Vorgang der symbiontischen Stickstoff-Fixierung wurde vor rund einhundert Jahren zum ersten Mal von den beiden deutschen Forschern Wilfarth und Hellriegel richtig beschrieben. Sie erkannten, daß in Wurzelknöllchen von Leguminosen Bodenbakterien leben und daß nur bei Anwesenheit dieser Bodenbakterien die Pflanze ohne Stickstoffdüngung auskommt. Die morphologischen, physiologischen und biochemischen Daten zur symbiontischen Stickstoff-Fixierung wurden vor allem in den letzten fünfzig Jahren gesammelt. Seit Entwicklung der genetischen Analysen sowohl beim Mikrosymbionten als auch bei der Pflanze hat sich die Ergebnisflut vervielfacht. Trotz dieser Erfolge sind wir aber noch weit von einem globalen Verständnis der Vorgänge entfernt, die bei der Ausbildung von Leguminosenknöllchen eine Rolle spielen. Speziell in Deutschland sollten wir deshalb große Anstrengungen unternehmen, um die von Wilfahrt und Hellriegel in die Wege geleitete Forschungsrichtung mit Leben zu erfüllen und die grundlegenden Aspekte einer erfolgreichen Symbiose zwischen Bodenbakterien und Pflanzen aufzuklären.

Danksagung

Hiermit möchte ich mich bei all meinen Mitarbeitern bedanken, die über viele Jahre hinweg bei der Analyse der Symbiose zwischen *R.meliloti* und *Medicago sativa* geholfen haben. Auf eine Nennung der Namen einzelner Personen will ich verzichten, da diese im Literaturverzeichnis als Autoren der Lehrstuhlpublikationen genannt werden. Die dargestellten Ergebnisse wurden in einer Reihe von Forschungsprojekten erzielt, die sowohl von der Deutschen Forschungsgemeinschaft, vom Bundesministerium für Forschung und Technologie als auch von der Europäischen Gemeinschaft finanziert wurden. Besonders bedanken möchte ich mich bei Mathias Keller für die Mitarbeit an den Abbildungen zu diesem Artikel und bei Frau Susanna Malmivaara für die Computerarbeit zur Erstellung des Manuskripts.

Literatur

[1] BROUGHTON, W. J. and PÜHLER, A. (eds.): Nitrogen Fixation IV.: Molecular Biology. Clarendon Press, Oxford (1986).
[2] DIXON, R. O. D. und WHEELER, C. T.: Nitrogen Fixation in Plants. Glasgow & London (1986).
[3] SIMON, R., MÜLLER, P., PRIEFER, U., WEBER, G. and PÜHLER, A.: Genetics of the *Rhizobium meliloti/Medicago sativa* symbiosis. In: Endocytobiology Vol. II (SCHWEMMLER, W. & SCHENK, H. E. A. eds.), pp. 557–572. Walter de Gruyter & Co., Berlin New York (1983).
[4] APPLEBY, C. A.: Leghemoglobin and *Rhizobium* respiration. Annu. Rev. Plant Physiol. 35, 443–478 (1984).
[5] NIEHAUS, K. and PÜHLER, A.: Light microscopic analysis of entire alfalfa *(Medicago sativa)* nodules by a fast staining and clearing method. Endocyt. C. Res. 5, 59–68 (1988).
[6] SIMON R., PRIEFER, U. and PÜHLER, A.: Vector plasmids for *in-vivo* and *in-vitro* manipulations of Gram-negative bacteria. In: Molecular Genetics of the Bacteria-Plant Interaction (PÜHLER, A., ed.), pp. 98–106. Springer-Verlag, Berlin Heidelberg (1983).
[7] SIMON, R., PRIEFER, U. and PÜHLER, A.: A broad host range mobilization system for *in vivo* genetic engineering: Transposon mutagenesis in Gram negative bacteria. Biotechnol. 1, 784–791 (1983).
[8] SIMON, R.: High frequency mobilization of gram-negative bacterial replicons by the *in vitro* constructed Tn5-Mob transposon. Mol. Gen. Genet. 196, 413–420 (1984)
[9] MÜLLER, P., HYNES, M. F., NIEHAUS, K. and PÜHLER, A.: Two classes of *Rhizobium meliloti* infection mutants differ in exopolysaccharide production and in coinoculation properties with nodulation mutants. Mol. Gen. Genet. 211, 17–26 (1988).
[10] LONG, S. R., BUIKEMA, W. J. and AUSUBEL, F. M.: CLONING OF *Rhizobium meliloti* nodulation genes by direct complementation of *nod* mutants. Nature 298, 485–488 (1982).
[11] KONDOROSI, E., GYÖRGYPAL, Z., DUSHA, I., BAEV, N., PIERRE, M., HOFFMANN, B., HIMMELBACH, A., BANFALVI, Z. and KONDOROSI, A.: *Rhizobium meliloti* genes and their regulation. In: Nitrogen Fixation: Achievements and Objectives (GRESSHOFF, P. M., ROTH, L. E., STACEY, G. and NEWTON, W. E., eds.), pp. 33–44. Chapman and Hall, New York London (1990).
[12] LEROUGE, P., ROCHE, P., FAUCHER, C., MAILLET, F., TRUCHET, G., PROMÉ, J. and DENARIÉ, J.: Symbiotic hostspecificity of *Rhizobium meliloti* is determined by a sulphated and acylated glucosamine oligosaccharide signal. Nature 344, 781–784 (1990).
[13] DENARIÉ, J. and ROCHE, P.: *Rhizobium* nodulation signals. In: Molecular Signals in Plant-Microbe Communications (VERMA, D. P. S., ed.), pp. 295–324. CRC Press, London (1992).
[14] KAPP, D., NIEHAUS, K., QUANDT, J., MÜLLER, P. and PÜHLER, A.: The cooperative action of *Rhizobium meliloti* nodulation (Nod⁻) and infection (Inf⁻ EPS⁻) mutants during the process of forming mixed infected alfalfa nodules. Plant Cell 2, 139–151 (1990).
[15] MÜLLER, P., ENENKEL, B., HILLEMANN, A., KAPP, D., KELLER, M., QUANDT, J. and PÜHLER, A.: Genetic analysis of two DNA regions of the *Rhizobium meliloti* genome involved in the infection process of alfalfa nodules. In: Molecular Genetics of Plant Microbe Interactions (PALACIOS, R. und VERMA, D. P. S., eds.), pp. 26–32. APS Press, St. Paul, Minnesota (1988).
[16] KELLER, M., ARNOLD, W., KAPP, D., MÜLLER, P., NIEHAUS, K., SCHMIDT, M., QUANDT, J., WENG, W. M. and PÜHLER, A.: *Rhizobium meliloti* genes involved in exopolysaccharide production and infection of alfalfa nodules. In: Pseudomonas: Biotransformations, Pathogenesis, and Evolving Biotechnology (SILVER, S., CHAKRABARTY, A. M., IGLEWSKI, B., und KAPLAN, S., Hrsg.), pp. 91–97. ASM, Washington, DC 20005 (1990).

[17] PÜHLER, A., ARNOLD, W., BUENDIA-CLAVERIA, A., KAPP, D., KELLER, M., NIEHAUS, K., QUANDT, J., ROXLAU, A. and WENG, W. M.: The role of the *Rhizobium meliloti* exopolysaccharides EPS I and EPS II in the infection process of alfalfa nodules. In: Advances in Molecular Genetics of Plant-Microbe Interactions (HENNECKE, H. and VERMA, D. P. S., Hrsg.), pp. 189–194. Kluwer Academic Publishers, Dordrecht/Boston/Lancaster (1991).
[18] KELLER, M., MÜLLER, P., SIMON, R. and PÜHLER, A.: *Rhizobium meliloti* genes for exopolysaccharide synthesis and nodule infection located on megaplasmid 2 are actively transcribed during symbiosis. Mol. Plant-Microbe Interact. 1, 267–274 (1988).
[19] LONG, S., REED, J. W., HIMAWAN, J. and WALKER, G.: Genetic analysis of a cluster of genes required for synthesis of the calcofluor-binding exopolysaccharide of *Rhizobium meliloti*. J. Bacteriol. 170, 4239–4248 (1988).
[20] NIEHAUS, K.: Untersuchungen zur Rolle der Oberflächenkohlenhydrate von *Rhizobium meliloti* bei der Ausbildung der Knöllchensymbiose mit Luzerne (*Medicago sativa* L.), unter besonderer Berücksichtigung der Pflanzenabwehr. Dissertation, Universität Bielefeld (1990).
[21] NIEHAUS, K., KAPP, D. und PÜHLER, A.: Plant defence and delayed infection in alfalfa pseudo-nodules induced by an exopolysaccharide (EPS I) deficient *Rhizobium meliloti* mutant. Submitted (1992).

Diskussion

Herr Sahm: Sie haben am Ende Ihres Vortrages angedeutet, daß es natürlich aufregend wäre, diese symbiontischen Stickstoff fixierenden Bakterien auch auf andere Pflanzen übertragen zu können. Sie haben uns den Infektionsweg aufgezeigt. Weiß man nun, an welchen Schritten es liegt, daß diese Rhizobien nur mit den Leguminosen eine Symbiose eingehen können? Und warum hat eigentlich nicht jede Pflanze ihr Stickstoff fixierendes Bakterium angeheuert?

Herr Pühler: Vielleicht beantworte ich zunächst den letzten Teil ihrer Frage. Nicht alle Pflanzen einer sich im Gleichgewicht befindenden Pflanzengemeinschaft benötigen das symbiontische, Stickstoff-fixierende Bakterium. In einem solchen System ist gewöhnlich fixierter Stickstoff vorhanden, mit dem auch Pflanzen ohne Stickstoff-Fixierung leben können. Bei einer Erstbesiedlung von stickstoffarmen Böden werden aber zunächst die symbiontisch Stickstoff-fixierenden Pflanzen Fuß fassen. Wenn diese dann genügend Stickstoff im Boden angehäuft haben, kommen Arten zum Zuge, die die Fähigkeit zur Stickstoff-Fixierung nicht besitzen, dadurch Energie sparen und deshalb einen Wuchsvorteil haben.

Sie fragen nach, warum nicht alle Pflanzen mit Rhizobien eine Symbiose eingehen. Die Antwort ist nicht einfach, da noch nicht genügend Daten auf diesem Gebiet vorliegen. Es liegt wahrscheinlich an der Genausstattung der Leguminose, die zur Ausbildung der Knöllchen benötigt wird. Diese Genausstattung fehlt eben bei anderen Pflanzen. Man kennt heute bereits knöllchenspezifische Gene der Leguminose, z. B. Leghämoglobin-Gene. Auch weitere Gene, Nodulingene genannt, sind schon identifiziert. Klären müßte man die Frage, welche knöllchenspezifischen Gene der Leguminose den anderen landwirtschaftlich genutzten Pflanzen, wie z. B. dem Getreide oder der Zuckerrübe, fehlen. Wenn man diese Gene in Händen hätte, könnte man versuchen, diese auf Nichtleguminosen zu übertragen, und unter Umständen eine Interaktion mit Rhizobien hervorrufen.

Herr Führ: Die Übertragung auf landwirtschaftliche Nutzpflanzen verhilft noch nicht dazu, daß die Pflanze tatsächlich diese Leistung erbringt; denn letztlich müssen dann die Stickstoff-Fixierung und vor allem die Abgabe von Stickstoff in den pflanzlichen Stoffwechsel im gleichen Rhythmus mit dem Anspruch erfolgen, den die Pflanze hat, und dies ist, glaube ich, ein besonderes Problem, das zusätzlich auftritt.

Im Anschluß an die Frage von Herrn Sahm kann ich ergänzen, daß es ja auch die vielen „Hungerkünstler" gibt, die gerade auf den stickstoffarmen Böden gedeihen, und das ist die größere Artenzahl. Im vorigen Jahrhundert waren unsere Böden ausgepowert, d. h. verarmt an Hauptnährstoffen. Sie wurden dann zunächst mit Phosphor und Kali gut versorgt, aber nicht mit Stickstoff. Erst durch intensive Stickstoffdüngung haben wir die anderen Pflanzen zurückgedrängt.

Ich habe dann noch zwei Fragen. Sie sprachen von den gebundenen Phenolen in den Zellwänden, die Sie extrahiert haben. Wie sicher sind Sie, daß die tatsächlich auf den Zellwänden saßen? Waren das nicht doch irgendwie Stoffe, die während des Alterns gebildet wurden?

Können Sie dann noch etwas zu den Wechselwirkungen sagen? Die Knöllchen sind ja nicht nur so lieb und nett, den Stickstoff zu liefern, sondern die Knöllchen wollen von der Pflanze doch auch etwas als Gegenleistung haben.

Herr Pühler: Sie fragten, ob die Einlagerung von phenolischen Substanzen in Zellwänden auch durch einen Alterungsprozeß erklärt werden könnte. Als Antwort muß ich auf meine Daten verweisen. Die HPLC-Läufe von Zellwandmaterial, gewonnen aus Luzerne-Wildtyp- und Luzerne-Pseudoknöllchen, zeigen deutlich, daß es nicht der Alterungsprozeß sein kann.

Zusätzlich zeigen die mikroskopischen Befunde, daß nur in Knöllchenbereichen, in denen induzierende Bakterien gehäuft vorliegen, auch diese Zellwandverdickungen auftreten. Aus diesen verdickten Zellwänden wurden ja dann die phenolischen Einlagerungen isoliert.

Der Vergleich mit phytopathologischen Prozessen bietet sich an. Die Besiedlung eines Knöllchens mit Rhizobien läßt sich direkt mit der Ausbreitung eines Phytopathogens in der Pflanze vergleichen. Auch das Modell der Suppression der Pflanzenabwehr ist ja in der Phytopathologie bekannt.

Sie fragen noch nach der Leistung der Pflanze in der Symbiose. Es ist natürlich klar, daß die Pflanze die in den Knöllchen lebenden Bakteroiden mit Energie versorgen muß. Dazu muß die Pflanze eine Menge an Photosyntheseprodukten zur Verfügung stellen.

Herr Kneller: Hier war davon die Rede, daß die Bakterien bei Stickstoffmangel angeheuert werden. In Wirklichkeit geht das Ganze doch über einen von dem Bakterium lahmgelegten Abwehrmechanismus. Das heißt, das Bakterium heuert die Pflanze an und nicht umgekehrt.

Diskussion

Herr Pühler: Ich glaube, das hängt von der Betrachtungsweise ab, ob man sich auf die Ebene des Bakteriums oder auf die Ebene der Pflanze stellt.

Herr Kneller: Aber die Pflanze wehrt doch ab, sagten Sie, und der Abwehrmechanismus muß zuerst vom Bakterium lahmgelegt werden. Also heuert doch das Bakterium die Pflanze an.

Herr Pühler: Man kann dies umgekehrt natürlich auch so betrachten, daß die Pflanze über den Signalaustausch prüft, ob der richtige Mikrosymbiont das Knöllchen besiedeln will.

Herr Büchel: Herr Pühler, Sie haben zur Stickstoff-Fixierung ein schönes Beispiel für Elicitoren gebracht und zwei verschiedene, auch strukturell, vorgestellt. Wenn ich es richtig in Erinnerung habe, hat das Rm3131, das eine andere Struktur hat, letzten Endes die Gegenreaktion bei der Pflanze verursacht. Die Verdickung der Kutikula durch phenolische Substanzen hatten Sie in einem Bild gezeigt, wonach auch Herr Führ schon gefragt hat. Weiß man etwas darüber, was mechanistisch dabei vorgeht? Unterstellen wir einmal, es stimmt tatsächlich, daß phenolische Substanzen die Zellwand verstärken. Ich denke natürlich jetzt an andere Attacken, die damit auch abgewehrt werden könnten, zum Beispiel Pilzbefall oder Insektenfraß.

Herr Pühler: Diese Idee ist auch in meiner Arbeitsgruppe vorhanden. Man könnte auf diese Art und Weise unter Umständen eine Pflanze prä-immunisieren, so daß dann ein Befall durch phytopathogene Organismen unterbleibt oder zumindest stark reduziert wird.
Um das noch einmal deutlich zu sagen: Die Elicitoren, von denen wir sprechen, haben wir noch nicht identifiziert. Hierbei könnte es sich um ein Lipopolysaccharid handeln, z. B. um die Lipopolysaccharid-Komponente der Zellwand von induzierenden Rhizobien. Das Exopolysaccharid dieser Rhizobien supprimiert dann die Pflanzenabwehr. Als Suppressor ist das Exopolysaccharid EPSI wirksam. Das Exopolysaccharid EPSII, von dem ich auch gesprochen habe, hat diese Wirkung nicht. EPSI wirkt also signalspezifisch und identifiziert den richtigen Mikrosymbionten.

Herr Büchel: Was passiert denn? Welcher Mechanismus könnte denn vorliegen, daß ein so simples Saccharid eine solche Zellwandveränderung hervorruft?

Herr Pühler: Um es nochmals zu wiederholen: Der Elicitor konnte ein Lipopolysaccharid sein. Das Exopolysaccharid wirkt als Suppressor. Ich habe in meinem Vortrag einen rein hypothetischen Rezeptor postuliert. Man kann über den sich anschließenden Signaltransfer weiterspekulieren. Es kann einen sekundären Messenger innerhalb der Zelle geben, der schließlich die entsprechenden Gene im Pflanzengenom aktiviert, die dann für die Produktion der phenolischen Substanzen in der Zellwand verantwortlich sind. Solche Signalketten sind aus der Phytopathologie bekannt. In der Rhizobien-Leguminosen-Symbiose sind diese Signalketten allerdings noch nicht aufgeklärt.

Herr Büchel: Aber das Ergebnis ist doch klar.

Herr Pühler: Das Ergebnis ist sicherlich das gleiche, die Exopolysaccharid-defizienten Rhizobien induzieren Pflanzenabwehr.

Herr Büchel: Wir haben diese verstärkte Zellwand, und das würde ich einmal übersetzen als eine Art Immunisierung dieser Zellpartie.

Herr Pühler: Ja genau, Zellwandverstärkungen gehören zu den physikalischen Abwehrmethoden gegen Phytopathogenbefall. Verstärkte Zellwände sind also eine Art Immunisierung.

Herr Schell: Diese Abwehrmechanismen sind insoweit bekannt, daß einige Enzyme wie Chalkonsynthase und Phenol-Ammoniumlyase, die zu dieser Synthese notwendig sind, tatsächlich von pathogenen Bakterien, die dem *Rhizobium* ähnlich sind, wie zum Beispiel *Agrobacterium*, schnellstens induziert werden. Man würde daher erwarten, daß *Rhizobium*-Mutanten, die keine Exopolysaccharide synthetisieren, diese Enzyme nicht induzieren. Haben Sie dieses Experiment durchgeführt?

Herr Pühler: Ihre Frage nach Phytoalexinen ist interessant. Sie sollten in Pseudoknöllchen auftreten. Wir haben auch versucht, in Pseudoknöllchen Phytoalexine nachzuweisen, waren aber bis jetzt nicht erfolgreich. Als Nachweis haben wir auf biochemischer Ebene HPLC-Analysen durchgeführt und die normalen Phytoalexine der Luzerne nicht gefunden. Genaktivierungsversuche, z. B. mit dem Gen für die Chalkonsynthase, stehen an.

Herr Hess: Gibt es eigentlich auch Mutationen von der Luzerne, die Effekte auf die Knöllchenbildung haben?

Herr Pühler: Ja, es gibt bereits pflanzliche Mutanten. So existieren natürlich vorkommende Mutanten, die zum Beispiel nicht mehr nodulieren. Mutagenese bei Luzerne und Selektion von interessanten Mutanten ist allerdings sehr viel schwieriger durchzuführen als bei Bakterien. Deshalb wurde die genetische Analyse der Symbiose zunächst auf der bakteriellen und weniger auf der pflanzlichen Seite begonnen.

Herr Große: Könnte nicht die *Rhizobium-Parasponia(Ulmaceae)*-Symbiose einen Weg zeigen, wie man eventuell die Symbiose auf andere Pflanzengruppen ausweiten kann?

Herr Pühler: Es wurde durchaus in Betracht gezogen, daß es neben den Leguminosen noch andere Pflanzengruppen gibt, die in Interaktion mit Rhizobien in der Lage sind, symbiontisch Stickstoff zu fixieren. Die *Rhizobium-Parasponia*-Symbiose ist eine solche Möglichkeit, einen kleinen Schritt zu anderen Pflanzengruppen zu tun.

Herr Jaenicke: Die ganze Rezeptorkette ist ja hypothetisch, haben Sie gesagt. Könnten Sie, was die Regulation durch den Stickstoff angeht, dennoch sagen, wie und was der Stickstoff bei den Rhizobien ein- oder ausschaltet? Es ist ja ein fundamentales Problem.

Herr Pühler: Wenn ich die Knöllchenbildung auf einem Medium durchführe, das fixierten Stickstoff beinhaltet, dann wird die Nodulation mehr oder weniger stark reprimiert. Fixierter Stickstoff im Medium steuert also die Ausbildung von Stickstoff-fixierenden Knöllchen.

Herr Jaenicke: Das ist das Phänomen. Ich meine die Erklärung des Phänomens. Das weiß wohl keiner so richtig.

Herr Pühler: Diese Frage wird weltweit verfolgt und man hat bereits für die Sojabohnen-Symbiose interessante Ergebnisse erhalten. Man konnte Sojabohnenmutanten isolieren, die diese Regulation nicht mehr zeigen. Allerdings reagiert die Pflanze über. Sie produziert zehn- bis fünfzigmal so viele Knöllchen, wie man normalerweise an einer Wildtyp-Pflanze findet. Die Regulation scheint auf der hormonellen Ebene abzulaufen. Einzelheiten hierzu werden zur Zeit erarbeitet.

Herr Hornbogen: Können Sie noch etwas über die bakterielle Abbaubarkeit von Kunststoffen sagen, von einfachen Polymeren wie Polyäthylen? Ist zu hoffen, daß man bestimmte Bakterien züchten kann, die bisher nicht abbaubare

Polymere verdauen können? Kann man aus dem Verständnis der heute von Ihnen geschilderten Reaktionen etwas dazu sagen?

Herr Pühler: Diese Frage entfernt sich vom Thema des Vortrags. Was die Abbaubarkeit von Kunststoffen betrifft, so muß man in Betracht ziehen, daß es sich um Stoffe handelt, die in der chemischen Industrie neu synthetisiert werden, die also in der Evolution bisher nicht zur Verfügung standen. Daher sind die heute existierenden Mikroorganismen unter Umständen auf solche Stoffe nicht adaptiert. Andererseits beobachtet man eine sehr schnelle Anpassung von Bakterien, die den Abbau solcher Stoffe betreffen.

Dazu kann ich Ihnen ein Beispiel nennen. Wir haben vor einigen Jahren die Idee gehabt, Stoffwechselwege bei Pseudomonaden gentechnisch zu kombinieren, um eine bestimmte Verbindung zu metabolisieren. Das Vorhaben wurde allerdings nie verwirklicht, da der gewünschte Organismus aus Elbwasser isoliert werden konnte. Es ist offensichtlich: An Stellen, wo umweltbelastende Stoffe gehäuft vorkommen, gibt es meistens auch die entsprechenden, abbauenden Organismen.

Herr Büchel: Ich würde mir wünschen, daß das nie gefunden wird, denn damit entstände ein gewaltiges Problem. Moderne Kunststoffe werden ja dahin entwickelt, daß sie nicht abbaubar sind; das ist ja gerade ihr Qualitätsmerkmal. Wenn wir Bakterien hätten, die die Kunststoffe abbauen, bekämen wir ein wildes Gemisch von Abbaustoffen, deren Toxikologie Sie sich mit einiger Phantasie sicher vorstellen können, die auf jeden Fall problematischer sein würde als die des makromolekularen Stoffes. Das ist also keine Lösung für Kunststoffabfälle. Die müssen wir woanders suchen.

Herr Pühler: Dazu möchte ich doch noch etwas anfügen. Ich glaube nämlich nicht, daß man große Angst haben muß, daß solche mikrobiellen Spezialisten weltweit zuschlagen würden. Diese Spezialisten sind nur in einem ganz bestimmten Milieu in speziell konstruierten Fermentern aktiv. Es gibt ja auch ölabbauende Bakterien, die man nicht einfach auf das Wasser streuen kann, um eine Öllache zum Verschwinden zu bringen. Auch diese Öl-abbauenden Bakterien arbeiten nur unter genau definierten Fermentationsbedingungen.

Ich habe also keine Angst, daß durch mikrobiellen Abbau die gesamte augenblickliche Kunststoffentwicklung gefährdet ist.

Herr Führ: Hier wurden schon in den siebziger Jahren große Erfolge erzielt. Professor Knackmuß hat zum Beispiel Bakterien gefunden, die chlorierte Kohlenwasserstoffe annahmen und abbauten. Wenn sie dann aber in das normale

Milieu entlassen wurden, also heraus aus dem spezifischen Milieu zum Beispiel in eine Kläranlage, dann fanden sie so viele andere nette Substanzen, die sie leichter abbauten, daß sie dann ihre Spezialität nicht mehr ausführten.

Umgekehrt wissen wir aus dem Pflanzenschutzbereich, daß zum Beispiel bestimmte Mikroorganismen den Fremdstoff im Boden bei wiederholter Verwendung interessant finden, daß sie ihn so schnell abbauen, daß er eigentlich gar nicht mehr anwendbar ist. Das ist für das Carbofuran und 2,4-D bekannt. Die gesamte Kette der verschiedenen Kooperationen der Mikroorganismen ist zum Beispiel für 2,4-D von J. Tiedje in Michigan aufgeklärt worden.

Herr Pühler: Herr Knackmuß war übrigens der Mikrobiologe, der den geschilderten Elbwasserversuch durchführte.

Herr Kleinow: Sie haben davon gesprochen, daß sich in den Infektionsmutanten Amyloplasten anhäufen (als Vorbereitung für die Aufnahme der Bakterien), daß sie aber nicht rot werden, also kein Leghämoglobin bilden. Was löst diese Bildung von Leghämoglobin aus?

Herr Pühler: Es scheint so zu sein, daß bei der Knöllchensymbiose verschiedene Entwicklungsstadien existieren. Ein Stadium scheint dadurch gekennzeichnet zu sein, daß das eindringende Bakterium ein bestimmtes Set von Genen in der Pflanzenzelle induziert und dadurch die Knöllchenentwicklung weitertreibt.

Ich erinnere an die beiden elektronenmikroskopischen Bilder, die ich Ihnen gezeigt habe. Auf dem ersten Bild war eine sehr große Pflanzenzelle mit Bakteroiden zu sehen, und auf dem zweiten Bild waren sehr viel kleinere Pflanzenzellen ohne Bakteroide. Die Vergrößerung dieser beiden Aufnahmen war aber die gleiche. Das heißt, es wird ein Vorknöllchen gebildet, in dem die einzelnen Pflanzenzellen nach Besiedlung durch Bakterien noch einmal wesentlich wachsen.

Nun zur Frage, was die Bildung von Leghämoglobin auslöst. Es gibt hier wohl wirklich Signale, auf die die Pflanze reagiert und das Leghämoglobin bildet. Das Leghämoglobin besteht aus der Hämgruppe und einem Proteinanteil. Es wird diskutiert, daß die Hämgruppe bakteriellen Ursprungs ist. Wenn in einem Pseudoknöllchen nun keine Bakterien vorkommen, dann kann natürlich auch keine Hämgruppe geliefert werden. Das Fehlen der Hämgruppe könnte nun bedeuten, daß entweder nur der Proteinanteil vorliegt oder daß die Bildung des Leghämoglobins vollkommen unterbleibt. Die Hämgruppe könnte also die Bildung des Leghämoglobins induzieren.

Herr Ehhalt: Man kann leicht einsehen, warum die Leguminosen als Stickstofflieferant für den Rest der Pflanzengesellschaft nützlich sind. Gleichzeitig haben sie aber den Aufwand für die Stickstoff-Fixierung zu tragen. Was haben die Leguminosen umgekehrt von den anderen Pflanzen? Gibt es da auch eine Symbiose? Oder ist das einfach durch Populationswechsel geregelt?

Herr Pühler: Der Vorteil, den die Leguminosen gegenüber anderen Pflanzen besitzen, ist die Fähigkeit zur Erstbesiedlung stickstoffarmer Böden. Auf solchen Böden können sie sich einnisten und solche Nischen unter Umständen auch über längere Zeit verteidigen. Berücksichtigen muß man dabei noch die folgende Beobachtung: Wenn Leguminosen gebundenen Stickstoff im Boden vorfinden, dann unterdrücken sie auch die Knöllchenbildung und investieren nicht in den symbiontischen Prozeß. Offensichtlich können sie mit Hilfe dieser Regulation gut mit anderen Pflanzen konkurrieren.

Nicht außer Acht lassen darf man auch, daß Nitrataufnahme sowie Umwandlung zu Ammoniak ungefähr sechzig Prozent des Energieaufwandes erfordern, den man für die Stickstoff-Fixierung benötigt. Es ist also nicht so, daß die Nitrataufnahme der Pflanze energiemäßig nichts kostet. Die Energiemengen sind zwar nicht komplett vergleichbar, sie liegen aber zumindest in der gleichen Größenordnung.

Veröffentlichungen der Rheinisch-Westfälischen Akademie der Wissenschaften

Neuerscheinungen 1987 bis 1993

Vorträge N
Heft Nr.

NATUR-, INGENIEUR- UND
WIRTSCHAFTSWISSENSCHAFTEN

351	4. Akademie-Forum	Die Sicherheit technischer Systeme
	Rolf Staufenbiel, Aachen	Die Sicherheit im Luftverkehr
	Ernst Fiala, Wolfsburg	Verkehrssicherheit – Stand und Möglichkeiten
	Niklas Luhmann, Bielefeld	Sicherheit und Risiko aus der Sicht der Sozialwissenschaften
	Otto Pöggeler, Bochum	Die Ethik vor der Zukunftsperspektive
	Axel Lippert, Leverkusen	Sicherheitsfragen in der Chemieindustrie
	Rudolf Schulten, Aachen	Die Sicherheit von nuklearen Systemen
	Reimer Schmidt, Aachen	Juristische und versicherungstechnische Aspekte
352	Sven Effert, Aachen	Neue Wege der Therapie des akuten Herzinfarktes
		Jahresfeier am 7. Mai 1986
353	Alarich Weiss, Darmstadt	Struktur und physikalische Eigenschaften metallorganischer Verbindungen
	Helmut Wenzl, Jülich	Kristallzuchtforschung
354	Hans Helmut Kornhuber, Ulm	Gehirn und geistige Leistung: Plastizität, Übung, Motivation
	Hubert Markl, Konstanz	Soziale Systeme als kognitive Systeme
355	Max Georg Huber, Bonn	Quarks – der Stoff aus dem Atomkerne aufgebaut sind?
	Fritz G. Parak, Münster	Dynamische Vorgänge in Proteinen
356	Walter Eversheim, Aachen	Neue Technologien – Konsequenzen für Wirtschaft, Gesellschaft und Bildungssystem –
357	Bruno S. Frey, Zürich	Politische und soziale Einflüsse auf das Wirtschaftsleben
	Heinz König, Mannheim	Ursachen der Arbeitslosigkeit: zu hohe Reallöhne oder Nachfragemangel?
358	Klaus Hahlbrock, Köln	Programmierter Zelltod bei der Abwehr von Pflanzen gegen Krankheitserreger
359	Wolfgang Kundt, Bonn	Kosmische Überschallstrahlen
	Theo Mayer-Kuckuk, Bonn	Das Kühler-Synchrotron COSY und seine physikalischen Perspektiven
360	Frederick H. Epstein, Zürich	Gesundheitliche Risikofaktoren in der modernen Welt
	Günther O. Schenck, Mülheim/Ruhr	Zur Beteiligung photochemischer Prozesse an den photodynamischen Lichtkrankheiten der Pflanzen und Bäume (,Waldsterben')
361	Siegfried Batzel, Herten	Die Nutzung von Kohlelagerstätten, die sich den bekannten bergmännischen Gewinnungsverfahren verschließen
		Jahresfeier am 11. Mai 1988
362	Erich Sackmann, München	Biomembranen: Physikalische Prinzipien der Selbstorganisation und Funktion als integrierte Systeme zur Signalerkennung, -verstärkung und -übertragung auf molekularer Ebene
	Kurt Schaffner, Mülheim/Ruhr	Zur Photophysik und Photochemie von Phytoschrom, einem photomorphogenetischen Regler in grünen Pflanzen
363	Klaus Knizia, Dortmund	Energieversorgung im Spannungsfeld zwischen Utopie und Realität
	Gerd H. Wolf, Jülich	Fusionsforschung in der Europäischen Gemeinschaft
364	Hans Ludwig Jessberger, Bochum	Geotechnische Aufgaben der Deponietechnik und der Altlastensanierung
	Egon Krause, Aachen	Numerische Strömungssimulation
365	Dieter Stöffler, Münster	Geologie der terrestrischen Planeten und Monde
	Hans Volker Klapdor, Heidelberg	Der Beta-Zerfall der Atomkerne und das Alter des Universums
366	Horst Uwe Keller, Katlenburg-Lindau	Das neue Bild des Planeten Halley – Ergebnisse der Raummissionen
	Ulf von Zahn, Bonn	Wetter in der oberen Atmosphäre (50 bis 120 km Höhe)
367	Jozef S. Schell, Köln	Fundamentales Wissen über Struktur und Funktion von Pflanzengenen eröffnet neue Möglichkeiten in der Pflanzenzüchtung
368	Frank H. Hahn, Cambridge	Aspects of Monetary Theory

370	Friedrich Hirzebruch, Bonn	Codierungstheorie und ihre Beziehung zu Geometrie und Zahlentheorie
	Don Zagier, Bonn	Primzahlen: Theorie und Anwendung
371	Hartwig Höcker, Aachen	Architektur von Makromolekülen
372	János Szentágothai, Budapest	Modulare Organisation nervöser Zentralorgane, vor allem der Hirnrinde
373	Rolf Staufenbiel, Aachen	Transportsysteme der Raumfahrt
	Peter R. Sahm, Aachen	Werkstoffwissenschaften unter Schwerelosigkeit
374	Karl-Heinz Büchel, Leverkusen	Die Bedeutung der Produktinnovation in der Chemie am Beispiel der Azol-Antimykotika und -Fungizide
375	Frank Natterer, Münster	Mathematische Methoden der Computer-Tomographie
	Rolf W. Günther, Aachen	Das Spiegelbild der Morphe und der Funktion in der Medizin
376	Wilhelm Stoffel, Köln	Essentielle makromolekulare Strukturen für die Funktion der Myelinmembran des Zentralnervensystems
377	Hans Schadewaldt, Düsseldorf	Betrachtungen zur Medizin in der bildenden Kunst
378	6. Akademie-Forum	Arzt und Patient im Spannungsfeld: Natur – technische Möglichkeiten – Rechtsauffassung
	Wolfgang Klages, Aachen	Patient und Technik
	Hans-Erhard Bock, Tübingen, Hans-Ludwig Schreiber, Hannover	Patientenaufklärung und ihre Grenzen
	Herbert Weltrich, Düsseldorf	Ärztliche Behandlungsfehler
	Paul Schölmerich, Mainz	Ärztliches Handeln im Grenzbereich von Leben und Sterben
	Günter Solbach, Aachen	
379	Hermann Flohn, Bonn	Treibhauseffekt der Atmosphäre: Neue Fakten und Perspektiven
	Dieter Hans Ehhalt, Jülich	Die Chemie des antarktischen Ozonlochs
380	Gerd Herziger, Aachen	Anwendungen und Perspektiven der Lasertechnik
	Manfred Weck, Aachen	Erhöhung der Bearbeitungsgenauigkeit – eine Herausforderung an die Ultrapräzisionstechnik
381	Wilfried Ruske, Aachen	Planung, Management, Gestaltung – aktuelle Aufgaben des Stadtbauwesens
382	Sebastian A. Gerlach, Kiel	Flußeinträge und Konzentrationen von Phosphor und Stickstoff und das Phytoplankton der Deutschen Bucht
	Karsten Reise, Sylt	Historische Veränderungen in der Ökologie des Wattenmeeres
383	Lothar Jaenicke, Köln	Differenzierung und Musterbildung bei einfachen Organismen
	Gerhard W. Roeb, Fritz Führ, Jülich	Kurzlebige Isotope in der Pflanzenphysiologie am Beispiel des 11_C-Radiokohlenstoffs
384	Sigrid Peyerimhoff, Bonn	Theoretische Untersuchung kleiner Moleküle in angeregten Elektronenzuständen
	Siegfried Matern, Aachen	Konkremente im menschlichen Organismus: Aspekte zur Bildung und Therapie
385	Parlamentarisches Kolloquim	Wissenschaft und Politik – Molekulargenetik und Gentechnik in Grundlagenforschung, Medizin und Industrie
386	Bernd Höfflinger, Stuttgart	Neuere Entwicklungen der Silizium-Mikroelektronik
387	János Kertész, Köln	Tröpfchenmodelle des Flüssig-Gas-Übergangs und ihre Computer-Simulation
388	Erhard Hornbogen, Bochum	Leistungen mit Formgedächtnis
389	Otto D. Creutzfeld; Göttingen	Die wissenschaftliche Erforschung des Gehirns: Das Gesetz und seine Teilen
390	Friedhelm Stangenberg, Bochum	Qualitätssicherung und Dauerhaftigkeit von Stahlbetonbauwerken
391	Helmut Domke, Aachen	Aktive Tragwerke
392	Sir John Eccles, Contra	Neurobiology of Cognitive Learning
393	Klaus Kirchgässner, Stuttgart	Struktur nichtlinearer Wellen – ein Modell für den Übergang zum Chaos
394	Hermann Josef Roth, Tübingen	Das Phänomen der Symmetrie in Natur- und Arzneistoffen
	Rudolf K. Thauer, Marburg	Warum Methan in der Atmosphäre ansteigt. Die Rolle von Archaebakterien
395	Guy Ourisson, Straßburg	Die Hopanoide
	Werner Schreyer, Bochum	Ultra-Hochdruckmetamorphose von Gesteinen als Resultat von tiefer Versenkung kontinentaler Erdkruste
396	Gottfried Bombach, Basel	Zyklen im Ablauf des Wirtschaftsprozesses – Mythos und Realität
	Knut Bleicher, St Gallen	Unternehmungsverfassung und Spitzenorganisation in internationaler Sicht
397	Jean-Michel Grandmont, Paris	Expectations Driven Nonlinear Business Cycles
	Martin Weber, Kiel	Ambiguitätseffekte in experimentellen Märkten
398	Alfred Pühler, Bielefeld	Bakterien–Pflanzen–Interaktion: Analyse des Signalaustausches zwischen den Symbiosepartnern bei der Ausbildung von Luzerneknöllchen

ABHANDLUNGEN

Band Nr.

67	Elmar Edel, Bonn	Hieroglyphische Inschriften des Alten Reiches
68	Wolfgang Ehrhardt, Athen	Das Akademische Kunstmuseum der Universität Bonn unter der Direktion von Friedrich Gottlieb Welcker und Otto Jahn
69	Walther Heissig, Bonn	Geser-Studien. Untersuchungen zu den Erzählstoffen in den „neuen" Kapiteln des mongolischen Geser-Zyklus
70	Werner H. Hauss, Münster Robert W. Wissler, Chicago	Second Münster International Arteriosclerosis Symposium: Clinical Implications of Recent Research Results in Arteriosclerosis
71	Elmar Edel, Bonn	Die Inschriften der Grabfronten der Siut-Gräber in Mittelägypten aus der Herakleopolitenzeit
72	(Sammelband)	Studien zur Ethnogenese
	Wilhelm E. Mühlmann	Ethnogonie und Ethnogonese
	Walter Heissig	Ethnische Gruppenbildung in Zentralasien im Licht mündlicher und schriftlicher Überlieferung
	Karl J. Narr	Kulturelle Vereinheitlichung und sprachliche Zersplitterung: Ein Beispiel aus dem Südwesten der Vereinigten Staaten
	Harald von Petrikovits	Fragen der Ethnogenese aus der Sicht der römischen Archäologie
	Jürgen Untermann	Ursprache und historische Realität. Der Beitrag der Indogermanistik zu Fragen der Ethnogenese
	Ernst Risch	Die Ausbildung des Griechischen im 2. Jahrtausend v. Chr.
	Werner Conze	Ethnogenese und Nationsbildung – Ostmitteleuropa als Beispiel
73	Nikolaus Himmelmann, Bonn	Ideale Nacktheit
74	Alf Önnerfors, Köln	Willem Jordaens, Conflictus virtutum et viciorum. Mit Einleitung und Kommentar
75	Herbert Lepper, Aachen	Die Einheit der Wissenschaften: Der gescheiterte Versuch der Gründung einer „Rheinisch-Westfälischen Akademie der Wissenschaften" in den Jahren 1907 bis 1910
76	Werner H. Hauss, Münster Robert W. Wissler, Chicago Jörg Grünwald, Münster	Fourth Münster International Arteriosclerosis Symposium: Recent Advances in Arteriosclerosis Research
78	(Sammelband)	Studien zur Ethnogenese, Band 2
	Rüdiger Schott	Die Ethnogenese von Völkern in Afrika
	Siegfried Herrmann	Israels Frühgeschichte im Spannungsfeld neuer Hypothesen
	Jaroslav Šašel	Der Ostalpenbereich zwischen 550 und 650 n. Chr.
	András Róna-Tas	Ethnogenese und Staatsgründung. Die türkische Komponente bei der Ethnogenese des Ungartums
	Register zu den Bänden 1 (Abh 72) und 2 (Abh 78)	
79	Hans-Joachim Klimkeit, Bonn	Hymnen und Gebete der Religion des Lichts. Iranische und türkische Texte der Manichäer Zentralasiens
80	Friedrich Scholz, Münster	Die Literaturen des Baltikums Ihre Entstehung und Entwicklung
82	Werner H. Hauss, Münster Robert W. Wissler, Chicago H.-J. Bauch, Münster	Fifth Münster International Arteriosclerosis Symposium: Modern Aspects of the Pathogenesis of Arteriosclerosis
83	Karin Metzler, Frank Simon, Bochum	Ariana et Athanasiana. Studien lzur Überlieferung und zu philologischen Problemen der Werke des Athanasius von Alexandrien.
84	Siegfried Reiter / Rudolf Kassel, Köln	Friedrich August Wolf. Ein Leben in Briefen. ergänzungsband, I: Die Texte; II: die Erläuterungen
85	Walther Heissig, Bonn	Heldenmärchen versus Heldenepos? Strukturelle Fragen zur Entwicklung altaischer Heldenmärchen
86	Hans Rothe, Bonn	Die SchluchtIvan Gontscharov und der „Realismus" nach Turgenev und vor Dostojevski (1849–1869)
87	Werner H. Haus, Münster Robert W. Wissler, Chicago H.-J. Bauch, Münster	Sixth Münster International Arteriosclerosis Symposium: New Aspects of Metabolismn and Behavious of Mesenchymal Cells during the Pathogenesis of Arteriosclarosis
88	Peter Zieme, Berlin	Religion und Gesellschaft im Uigurischen Königreich von Qočo

Sonderreihe PAPYROLOGICA COLONIENSIA

Vol. IV: *Ursula Hagedorn und Dieter Hagedorn, Köln,* *Louise C. Youtie und Herbert C. Youtie, Ann Arbor*	Das Archiv des Petaus (P. Petaus)
Vol. V: *Angelo Geißen, Köln* *Wolfram Weiser, Köln*	Katalog Alexandrinischer Kaisermünzen der Sammlung des Instituts für Altertumskunde der Universität zu Köln Band 1: Augustus-Trajan (Nr. 1–740) Band 2: Hadrian-Antoninus Pius (Nr. 741–1994) Band 3: Marc Aurel-Gallienus (Nr. 1995–3014) Band 4: Claudius Gothicus – Domitius Domitianus, Gau-Prägungen, Anonyme Prägungen, Nachträge, Imitationen, Bleimünzen (Nr. 3015–3627) Band 5: Indices zu den Bänden 1 bis 4
Vol. VI: *J. David Thomas, Durham*	The epistrategos in Ptolemaic and Roman Egypt Part 1: The Ptolemaic epistrategos Part 2: The Roman epistrategos
Vol. VII	Kölner Papyri (P. Köln)
Bärbel Kramer und Robert Hübner (Bearb.), Köln	Band 1
Bärbel Kramer und Dieter Hagedorn (Bearb.), Köln	Band 2
Bärbel Kramer, Michael Erler, Dieter Hagedorn und Robert Hübner (Bearb.), Köln	Band 3
Bärbel Kramer, Cornelia Römer und Dieter Hagedorn (Bearb.), Köln	Band 4
Michael Gronewald, Klaus Maresch und Wolfgang Schäfer (Bearb.), Köln	Band 5
Michael Gronewald, Bärbel Kramer, Klaus Maresch, Maryline Parca und Cornelia Römer (Bearb.)	Band 6
Michael Gronewald, Klaus Maresch (Bearb.), Köln	Band 7
Vol. VIII: *Sayed Omar (Bearb.), Kairo*	Das Archiv des Soterichos (P. Soterichos)
Vol. IX *Dieter Kurth, Heinz-Josef Thissen und Manfred Weber (Bearb.), Köln*	Kölner ägyptische Papyri (P. Köln ägypt.) Band 1
Vol. X: *Jeffrey S. Rusten, Cambridge, Mass.*	Dionysius Scytobrachion
Vol. XI: *Wolfram Weiser, Köln*	Katalog der Bithynischen Münzen der Sammlung des Instituts für Altertumskunde der Universität zu Köln Band 1: Nikaia. Mit einer Untersuchung der Prägesysteme und Gegenstempel
Vol. XII: *Colette Sirat, Paris u. a.*	La *Ketouba* de Cologne. Un contrat de mariage juif à Antinoopolis
Vol. XIII: *Peter Frisch, Köln*	Zehn agonistische Papyri
Vol. XIV: *Ludwig Koenen, Ann Arbor* *Cornelia Römer (Bearb.), Köln*	Der Kölner Mani-Kodex. Über das Werden seines Leibes. Kritische Edition mit Übersetzung.
Vol. XV: *Jaakko Frösén, Helsinki/Athen* *Dieter Hagedorn, Heidelberg (Bearb.))*	Die verkohlten Papyri aus Bubastos (P. Bub.) Band 1
Vol. XVI: *Robert W. Daniel, Köln* *Franco Maltomini, Pisa (Bearb.)*	Supplementum Magicum Band 1 Band 2
Vol. XVII: *Reinhold Merkelbach,* *Maria Totti (Bearb.), Köln*	Abrasax. Ausgewählte Papyri religiösen und magischen Inhalts Band 1 und Band 2: Gebete Band 3: Zwei griechisch-ägyptische Weihezeremonien
Vol. XVIII: *Klaus Maresch, Köln* *Zola M. Packmann, Pietermaritzburg, Natal (eds.)*	Papyri from the Washington University Collection, St. Louis, Missouri
Vol. XIX: *Robert W. Daniel, Köln (ed.)*	Two Greek Papyri in the National Museum of Antiquities in Leiden
Vol. XX: *Erika Zwierlein-Diehl, Bonn (Bearb.)*	Magische Amulette und andere Gemmen des Instituts für Altertumskunde der Universität zu Köln

If you have any concerns about our products,
you can contact us on
ProductSafety@springernature.com

In case Publisher is established outside the EU,
the EU authorized representative is:
**Springer Nature Customer Service Center GmbH
Europaplatz 3, 69115 Heidelberg, Germany**

Printed by Libri Plureos GmbH
in Hamburg, Germany